T0225115

Realisierung der Einsparpotentiale bei elektrischen Energieverbrauchern

Lizenz zum Wissen.

Eric A. Nyamsi

Realisierung der Einsparpotentiale bei elektrischen Energieverbrauchern

 Springer Vieweg

Eric A. Nyamsi
Consultant für Software-Entwicklung
Karlsruhe, Deutschland

ISBN 978-3-658-14714-3   ISBN 978-3-658-14715-0 (eBook)
https://doi.org/10.1007/978-3-658-14715-0

Die Deutsche Nationalbibliothek verzeichnet diese Publikation in der Deutschen National-
bibliografie; detaillierte bibliografische Daten sind im Internet über http://dnb.d-nb.de
abrufbar.

Springer Vieweg
© Springer Fachmedien Wiesbaden GmbH 2018

Gedruckt auf säurefreiem und chlorfrei gebleichtem Papier

Springer Vieweg ist Teil von Springer Nature
Die eingetragene Gesellschaft ist Springer Fachmedien Wiesbaden GmbH
Die Anschrift der Gesellschaft ist: Abraham-Lincoln-Str. 46, 65189 Wiesbaden, Germany

Vorwort

Die Energietechnik-Informatik ist das neue Tool zur Programmierung der Schnittstellen von Objektorientierter Programmierung und Energie-Effizienz. Es findet Begeisterung in der Industrie und in der öffentlichen Forschung. Mithilfe der objektorientierten Programmierung, etwa mit Java, werden Anwendungen für die Realisierung der Einsparpotenziale bei den Energieverbrauchern entwickelt.

Die Energietechnik-Informatik hat in Deutschland durch die Initiative der Entwickler, Energietechniker, Web-Designer, Freiberufler, Forscher, Zeitschriften und Verlage massiv an Bedeutung gewonnen. Sie basiert auf der Anbindung von Datenbanken mit objektorientierten Programmierungssprachen an die Entwicklungsprojekte. Ziel ist es, sowohl Daten mithilfe der objektorientierten Programmierung zu analysieren und zu interpretieren als auch die technische Realisierung über Schnittstellen zu modellieren und zu simulieren. Die Informationsverarbeitungsmöglichkeiten energietechnischer Systeme begeistern Entwickler der Energiemanagement-Anwendungen. Diese Auflage gibt einen Überblick über die Realisierung der Einsparpotenziale bei Energieverbrauchern bezüglich der Reduzierung der Stromkosten und der Senkung des Energiebedarfs.

Das Buch fokussiert auf die Energietechnik-Informatik mithilfe von Java und MySQL. MySQL ist ein weit verbreitetes, relationales Datenbank-Management-System (RDBMS) und Xampp eine freies Software-Bundle, bestehend aus Web- und FTP-Server, MySQL, Apache sowie weiteren Komponenten. MySQL besteht einerseits aus dem Datenbank-Verwaltungssystem und andererseits aus der eigentlichen Datenbank mit den Daten. Die Energietechnik-Informatik ohne Datenbanken ist sinnlos, weil das wesentliche Ziel der Anwendungen der IT in der Energietechnik in Anbindungen von Datenbanken liegt. Der Datenbank-Einsatz zur Realisierung der

V

Einsparpotenziale bei Energieverbrauchern ist selbstverständlich ein Kernelement
der Anwendungen der IT in der Energietechnik. Das Buch zeigt, wie Anwendungen
auf Basis vom Framework Java XDEV4 entwickelt wurden, welche das Erkennen
und Umsetzen der Einsparpotenziale bei elektrischen Energieverbrauchern ermöglichen. IT-Lösungen auf Basis von Java XDEV4 für Einsparpotenziale bei elektrischen Energieverbrauchern stellen den Begriff „Energietechnik-Informatik" in
Bezug auf die Information Technologie dar.

Das Open Source Framework XDEV4 ist eine visuelle Java Entwicklungsumgebung für Rapid Application Development(RAD). Mit der Entwicklungsumgebung XDEV4 lassen sich Web- und Desktopapplikationen auf Basis von Java
entwickeln. Mit Java XDEV4 Framework lassen sich Java-Oberflächen wie mit
einem Grafikprogramm per Drag-und-Drop designen.

Diese Auflage fokussiert auch auf die Anwendungen der IT in der Umrichter-
Technik. IT-Lösungen für die untersynchrone Stromrichterkaskade spielen eine wichtige Rolle bei dem Einsparpotenzial der Energie. Die „Energietechnik-Informatik"
verwendet das Open Source Java XDEV4 Framework zum Berechnen der
Betriebskenngröße der Asynchronmaschine in Bezug auf eine untersynchrone Stromrichterkaskade-Anlage. Die Anwendung der Informatik bezüglich der Nutzung von
Design Pattern in der Charakterisierung des Asynchronmotors ermöglicht die Berechnung der Betriebskenngrößen wie z. B. Drehzahl, Schlupf, Wirkungsgrad und
Drehmoment. Dies ist wichtig zur Ermittlung der Belastungskennlinien des Motors.

Die Daten des Asynchronmotors werden durch den Ansatz der objektorientier-
ten Programmierung analysiert. Die Anwendung der Design Pattern in der Bestim-
mung der Betriebskenngrößen des Asynchronmotors wie z. B. Drehzahl und
Schlupf ermöglicht die Ermittlung der Belastungszustände des Asynchronmotors.
Der Schlupf und die Drehzahl sind wichtige Betriebskenngrößen um den energie-
effizienten Asynchronmotor zu charakterisieren. Die Einsparpotenziale bei den
Asynchronmotoren sollen die Anwendung der Informatik in der Analyse der
Betriebskenngrößen wie Schlupf, Drehzahl und Wirkungsgrad berücksichtigen

Karlsruhe, Juni 2017   Eric Nyamsi

Danksagung

Ich möchte mich für die Zusammenarbeit mit dem Springer-Vieweg Verlag bedanken, insbesondere bei Frau Andrea Broßler und Herrn Reinhard Dapper

Karlsruhe, September 2017
Eric Aristhide Nyamsi

Inhaltsverzeichnis

Einführung

1

*Die Energietechnik-Informatik ist die Schnittstelle von
objektorientierter Programmierung und Energieeffizienz.*

Ziel der Einsparungen mit Hilfe der IT-Lösungen ist es, den elektrischen Energiebedarf zu senken und die Stromkosten zu reduzieren. Das Buch beinhaltet die professionelle Entwicklung für Rapid Application Development vom Java Framework XDEV 4.

XDEV ist eine visuelle Java Entwicklungsumgebung für Rapid Application Development (RAD). Mit der Entwicklungsumgebung XDEV lassen sich professionelle Web- und Desktopapplikationen auf Basis von Java entwickeln.

Das Buch fokussiert auf den Schnittpunkt von IT und Energieeffizienz in Bezug auf die Systemintegration. Es zeigt, wie Anwendungen auf Basis des Frameworks Java XDEV 4 entwickelt wurden, welche das Erkennen und Umsetzen der Einsparpotenziale bei elektrischen Energieverbrauchern ermöglichen. Die IT-Lösungen zum Einsparpotenzial im Bereich der elektrischen Antriebssysteme verfügen über den Layout-Manager, die Formulare, die Master-Detailgeneratoren, das Look and Feel zur Oberflächen-Änderung, die Daten-Berechnung, -Auswertung, und -Analyse.

Das Buch gibt einen Überblick über Datenmodell, Aufsatz von MySQL mit Xampp, Datenbankanbindung, Data Binding, ER-Diagramm, Administrations-Frontend, Umsetzung der Anwendung und automatisierte Joins.

© Springer Fachmedien Wiesbaden GmbH 2018
E.A. Nyamsi, *Realisierung der Einsparpotentiale bei elektrischen
Energieverbrauchern*, https://doi.org/10.1007/978-3-658-14715-0_1

Mit Hilfe der MySQL-Datenbank werden Java-Anwendungen in Bezug auf die Energieeinsparpotenziale realisiert.

Das Buch stellt eine Anwendungsentwicklung mit Java dar und bietet viele neue Möglichkeiten auf der Benutzeroberfläche.

IT-Lösungen auf Basis von Java XDEV 4 für Einsparpotenziale bei elektrischen Energieverbrauchern stellen den Begriff „Energietechnik-Informatik" in Bezug auf die IT dar. Die Energietechnik-Informatik ist die Anwendung der Informatik in der elektrischen Energietechnik. Das Buch zeigt anhand eines Projektbeispiels für den energieeffizienten Asynchronmotor, wie die Informatik in den elektrischen Antrieben angewendet ist.

Webanwendung für Energiemanagement

IT-Lösungen für den Asynchronmotor

IT-Lösungen in Bezug auf das Energiemanagement von elektrischen Antrieben werden zunehmend nachgefragt. Geschäftsprozesse sollen optimiert, Kosten gesenkt und Abläufe beschleunigt werden. Dies führt zu erhöhten Investitionen in Lösungen wie Energietechnik-Informatik, aber auch Rapid Application Development (RAD).

2.1 Schnittstelle von IT und Energietechnik

Durch die Impulse an der Schnittstelle von IT und elektrischen Antrieben ist davon auszugehen, dass auch der Bedarf an Energietechnik-Datenbanken sowie MySQL-Energiemanagement steigen wird. Ebenso ist das Thema Grafikprogrammierung von Asynchronmotor-Anwendungen in der Energiebranche von großer Bedeutung.

Dank der Nachfrage nach IT-Lösungen für die Anwendung des Energiemanagements von Asynchronmotoren im Datenbankmanagement gibt es einen Bedarf an Web- und Desktopapplikationen auf Basis von Java.

Die Erzeugung mechanischer Energie ist die Hauptanwendung für elektrischen Strom. Bei den Überlegungen zu möglichen Einsparpotenzialen ist der Bereich der elektrischen Antriebe deshalb von überragender Bedeutung (Just 2010).

Der Asynchronmotor kann direkt an das Drehstromnetz angeschlossen werden und ist einfach und robust aufgebaut (keine Schleifringe oder Bürsten beim Kurzschlussläufer). Er ist somit der elektrische Antrieb schlechthin und wird in großen Stückzahlen produziert.

© Springer Fachmedien Wiesbaden GmbH 2018
E.A. Nyamsi, *Realisierung der Einsparpotentiale bei elektrischen Energieverbrauchern*, https://doi.org/10.1007/978-3-658-14715-0_2

Außerdem hat der Asynchronmotor nur ein Drehmoment, wenn die Läuferdrehzahl von der durch die Netzfrequenz vorgegebenen, also synchronen Drehfeldfre-
quenz des Stators abweicht (Schlupf). Das Drehmoment ist proportional zu dieser
Abweichung, deshalb nimmt der Motor beim Anlauf sehr hohe Ströme auf.

IT-Lösungen auf Basis von Java XDEV 4 für Einsparpotenziale bei elektrischen
Energieverbrauchern stellen den Begriff „Energietechnik-Informatik" in Bezug auf
die IT dar. Die Energietechnik-Informatik ist die Anwendung der Informatik in der
elektrischen Energietechnik. Dieser Abschnitt des Kapitels gibt einen Überblick
über die Anwendungen des Energiemanagements des Asynchronmotors in der
praktischen Informatik.

2.2   Visuelle Java Entwicklungsumgebung XDEV 4 für die Schnittstelle von IT und Energietechnik

XDEV 4 ist eine visuelle Java Entwicklungsumgebung für Rapid Application
Development (RAD). Mit der Entwicklungsumgebung XDEV 4 lassen sich Web-
und Desktopapplikationen auf Basis von Java entwickeln (http://cms.xdev-soft-
ware.de/xdevdoku/HTML/).

Außerdem bietet das Java XDEV Framework den Anwendern eine Vielzahl
an RAD-Funktionen, welche die Entwicklung von Java Anwendungen ermöglichen. Damit wird die Entwicklung von grafischen Oberflächen in Java realisiert.
Das Toolset umfasst einen GUI-Builder, mit dem sich grafische Oberflächen wie
mit einem Grafikprogramm designen lassen, einen Tabellenassistenten zur
Erstellung von Datenbanktabellen, einen ER-Diagramm-Editor zur Definition
des Datenmodells, einen Query-Assistenten, mit dem sich Datenbankabfragen
erstellen lassen, ein Application Framework, das unter anderem Datenbankzugriffe und die Datenausgabe auf der Oberfläche extrem vereinfacht und zum Teil
sogar automatisiert und Datenbankschnittstellen für alle wichtigen Datenbanken,
welche die Umsetzung datenbankunabhängiger Anwendungen ermöglichen.
Java Swing stellt eine Vielzahl an GUI-Komponenten zur Verfügung. Mit der
XDEV-Plattform lassen sich Web-Oberflächen per Drag-und-Drop designen und
mit Datenbanken verbinden.

Java-Swing-Oberflächen werden mit Hilfe der Model View Controler-
Architektur (MVC-Architektur), virtuellen Tabellen (Datenschicht), Grids (Tabel-
lenvarianten), Autovervollständigung und Docking Framework entwickelt. MV C
ist ein Dreischichtenmodell, bei dem die GUI-Schicht (View) strikt von der
Datenschicht getrennt wird. Mit der View wird die Komponente auf dem Bild-
schirm gezeichnet, während das Model eine virtuelle Tabelle darstellt (http://cms.
xdev-software.de/xdevdoku/HTML/; Krüger und Hansen 2014).

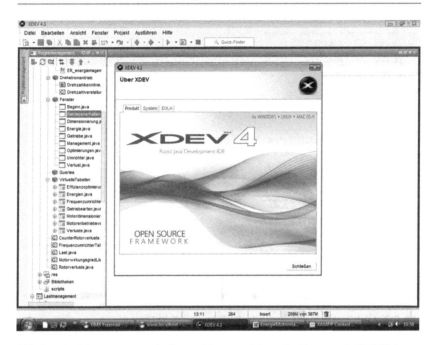

Abb. 2.1   Projektmanagement der Fensterklassen und Logo des Frameworks XDEV 4

Das Kapitel gibt einen Überblick bezüglich des Energiemanagements des Asynchronmotors mittels Tools für die Entwicklung, GUI-Builder, Generieren von Formularen, Data Binding, Power Control, Java-GUI, Datenbankabfragen und Code Editor. Abb. 2.1. gibt einen Überblick über das Projektmanagement der Fensterklasse für dieses Buch.

2.2.1   Graphical User Interface-Builder (GUI-Builder)

Der GUI-Builder funktioniert wie ein Grafikprogramm. Jede Oberfläche lässt sich damit umsetzen. Mit den Menüassistenten werden Menüleisten und Kontextmenüs konstruiert. Abb. 2.2 gibt einen Überblick über den GUI-Builder von XDEV 4.

Der XDEV 4 GUI-Builder verwendet nicht die Standard-Komponenten-Palette von Java Swing (u. a. JButton, JTable, JTree, etc.), sondern eine von den Swing-Komponenten abgeleitete Komponenten-Palette, deren Klassennamen jeweils mit dem Kürzel Xdev beginnen (u. a. XdevButton, XdevTable, XdevTree etc.). Das heißt für XDEV 4 wurde eine vollständig neue GUI-Komponenten-Palette eingeführt. Anders

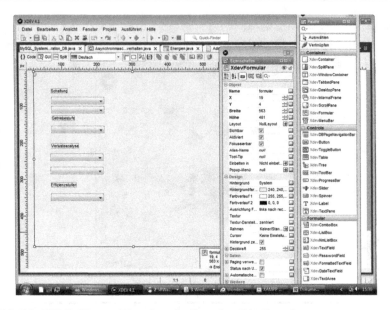

Abb. 2.2 GUI-Builder zum Generieren des Formulars XdevFormular

als die Standard-Komponenten von Swing sind sämtliche Xdev-Komponenten
eng mit dem XDEV Application Framework verbunden.

2.2.2 Generieren von Formularen

Alle Formular-Komponenten, die zu einem Formular gehören sollen, müssen sich
direkt im Formular-Container befinden. Formular-Komponenten, die direkt im
Fenster liegen oder sich in einer ganz anderen GUI-Komponente befinden, können
von den Formular-Methoden nicht berücksichtigt werden. Dabei reicht es nicht
aus, wenn eine Formular-Komponente nur über den Formular-Container geschoben
wird, sodass es so aussieht, als würde die Formular-Komponente zum Formular
gehören. Ob sich alle Formular-Komponenten korrekt im Formular-Container
befinden, kann mit Hilfe der Übersicht überprüft werden. In der Übersicht werden
alle GUI-Komponenten, die sich in einem Fenster befinden, hierarchisch in Form
eines Trees dargestellt.

Abb. 2.3 und 2.4 geben einen Überblick über Elemente des Formulars *XdevFormular*
des Fensters *Beginn*.

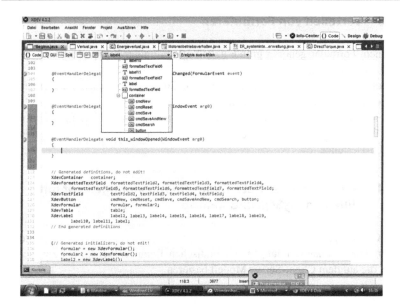

Abb. 2.3 Formular der Fensterklasse Beginn in der Übersicht

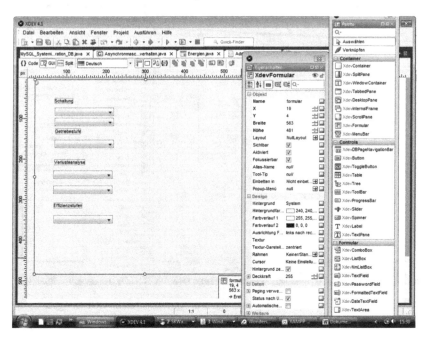

Abb. 2.4 GUI-Builder beim Generieren des Formulars XdevFormular

2.2.3 Verteilen von Formularen

Zu einem Formular gehören grundsätzlich alle Formular-Komponenten, die sich innerhalb eines Formular-Containers befinden. Dabei ist es egal, ob sich die Formular-Komponenten direkt im Formular-Container befinden oder in einer anderen GUI-Komponente, sofern diese im Formular-Container liegt. Abb. 2.5 und 2.6 zeigen die Struktur der Entwicklung eines Formulars bzw. das fertige Konstrukt eines Formulars von Energiemanagement-Anwendungen für den Asynchronmotor im GUI-Designer.

2.2.4 Gestaltung der Datenbank *energiemanagement* mit Hilfe von MySQL und Xampp

Das XDEV Application Framework stellt eine Basis-Architektur und -Infrastruktur für Datenbankanwendungen mit grafischen Benutzeroberflächen zur Verfügung, die auf dem Client-Server Modell basieren.

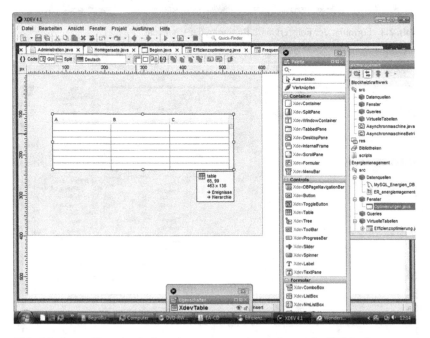

Abb. 2.5 Leeres Formular für Energiemanagement-Anwendungen im GUI-Designer

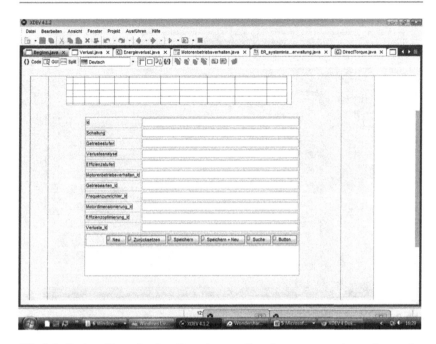

Abb. 2.6 Fertiges Konstrukt eines Formulars von Energiemanagement-Anwendungen des Asynchronmotors im GUI-Designer

MySQL stellt ein relationales Datenbankmanagement (RDBMS) dar. Xampp ist ein freies Software-Bundle bestehend aus Web- und FTP-Server, MySQL, Apache sowie weiteren Komponenten. MySQL besteht einerseits aus dem Datenbankverwaltungssystem und andererseits aus der eigentlichen Datenbank mit den Daten. Abb. 2.7 zeigt die Erzeugung der Datenbank *energiemanagement* mit Hilfe von MySQL mit Xampp.

2.2.5   Drag-and-drop zum Data Binding

Drag-and-drop ist eine Funktion in Java zum Designen von Oberflächen. Diese Funktion stellt das Erzeugen von grafischen Oberflächen mit Hilfe von GUI dar. Data Binding ist eine Verbindung zwischen Datenbanktabellen und den Controls auf der Benutzeroberfläche. Abb. 2.8 und 2.9 geben einen Überblick über Data Binding im Zusammenhang mit virtuellen Tabellen.

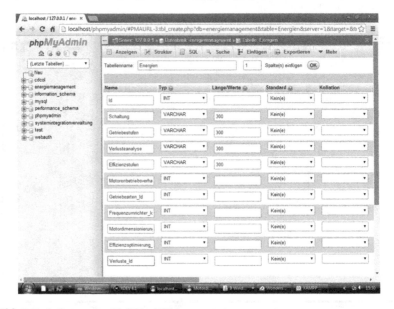

Abb. 2.7 Aufsetzen von MySQl mit Xampp

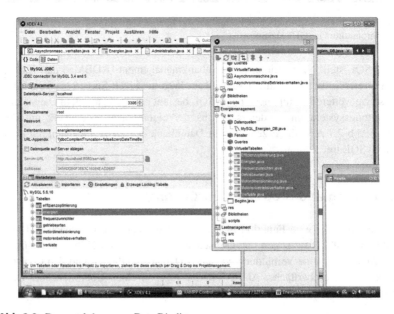

Abb. 2.8 Drag-and-drop zum Data Binding

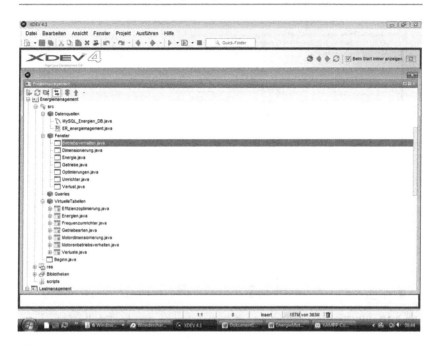

Abb. 2.9   Virtuelle Tabellen im Projektmanagement

2.2.6   ER-Diagramm

ER-Diagramm bedeutet Entity Relationship Model. Es ist die Visualisierung des Datenmodells. Abb. 2.10–2.12 zeigen die Struktur der Beziehungen zwischen verschiedenen Tabellen, welche als virtuelle Tabellen bezeichnet werden. Dies ist die Relation zwischen der virtuellen Tabelle „Energien" und den anderen sechs virtuellen Tabellen. Diese Relation dient der Dokumentation und der besseren Übersicht über relationale Datenmodelle. Die Informationen über das Diagramm befinden sich ausschließlich auf dem Client.

Das ER-Diagramm aus den Abb. 2.10–2.12 wird von Java Framework XDEV 4 automatisch erzeugt, weil die Relationen zwischen den Datenbanktabellen definiert wurden. Die Abb. 2.10–2.12 stellen einen Einsatz der relationalen Datenbanken in Bezug auf die Datenbank „*energiemanagement*" dar.

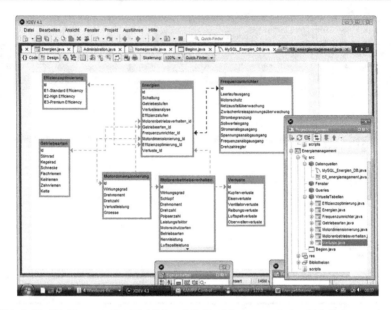

Abb. 2.10 ER-Diagramm im Hinblick auf die Beziehungen zwischen Tabellen

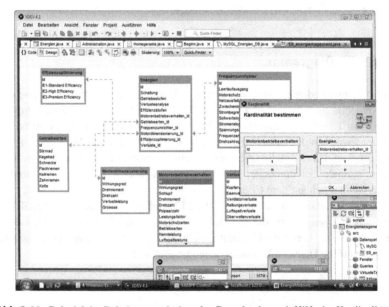

Abb. 2.11 Beispiel der Relationen zwischen den Datenbanken mit Hilfe der Kardinalität

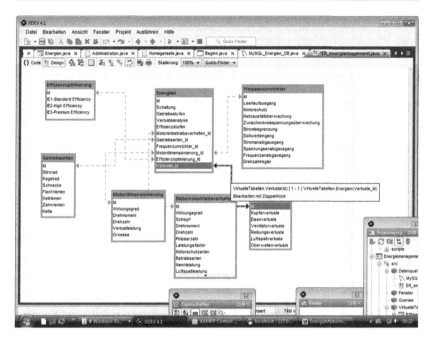

Abb. 2.12 Detail über Relation zwischen virtuellen Tabellen im Hinblick auf Beziehungen zwischen den Tabellen „Energien" und „Verluste"

2.2.7 Erstellen von Frontend-Anwendungen

Das XDEV Application Framework stellt eine Basis-Architektur und -Infrastruktur für Datenbankanwendungen mit grafischen Benutzeroberflächen zur Verfügung, die auf dem Client-Server Modell basieren (http://cms.xdev-software.de/xdevdoku/HTML/).

Das Fenster „Beginn" (XdevWindow) ist zunächst einmal nur ein Container (JContentPane), in den GUI-Komponenten eingefügt wurden, die Java Framework XDEV 4 zur Verfügung stellt. Zur Laufzeit wird das XdevWindow in einem XdevFrame aufgerufen, das von der Swing Klasse JFrame ableitet. Das XdevFrame stellt den Fensterrahmen zur Verfügung und zeigt das XdevWindow mit dessen Content an.

Die Abb. 2.13–2.18 zeigen die Konstruktion der Programmfunktionen der grafischen Oberfläche „Beginn". Die Layout-Position öffnet das Fenster „Toolbox" und ermöglicht die Positionierung der GUI-Komponente innerhalb eines Layouts.

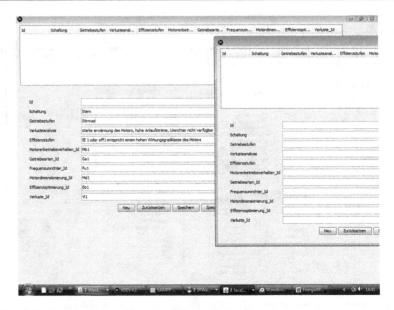

Abb. 2.13 Fenster als Administrations-Frontend mit XdevTabelle in Bezug auf Energie-management-Anwendung

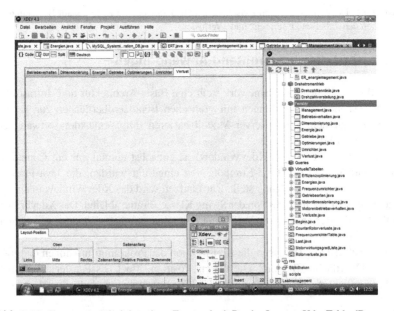

Abb. 2.14 Fenster als Administrations-Frontend mit Border-Layout, XdevTabbedPane und virtueller Tabelle „Verlust" und XdevWindowContainer

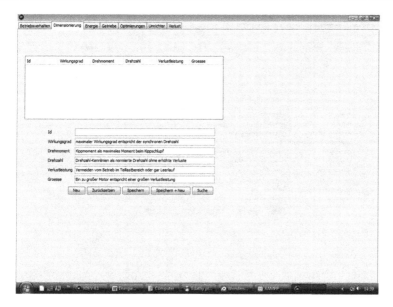

Abb. 2.15 Fenster „Beginn" als Administrations-Frontend im Hinblick auf virtuelle Tabelle „Dimensionierung" (XdevWindowContainer zentriert in TabbedPane)

Abb. 2.16 Fenster „Beginn" als Administrations-Frontend im Hinblick auf virtuelle Tabelle „Energie" (XdevWindowContainer zentriert in TabbedPane)

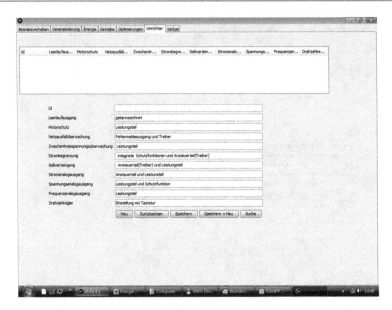

Abb. 2.17 Fenster als Administrations-Frontend im Hinblick auf virtuelle Tabelle Umrichter (XdevWindowContainer zentriert in TabbedPane)

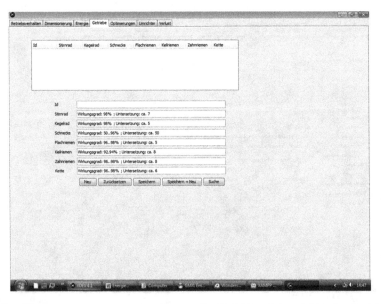

Abb. 2.18 Fenster als Administrations-Frontend im Hinblick auf virtuelle Tabelle „Getriebe" (XdevWindowContainer zentriert in TabbedPane)

Die Abb. 2.7. illustriert die Aktivierung des Layouts mit Hilfe der Option *Border-Layout*. Das Hauptfenster „Beginn" lässt sich mit Hilfe von XdevWindowContainern modularisieren. In diesem Fenster wird dann für jedes Feature ein XdevWindowContainer als Platzhalter eingefügt. Ein Fensteraufruf findet zur Laufzeit automatisch statt. Abb. 2.15–2.18 geben einen Überblick über das Einfügen von verschiedenen Fenstern per Drag-and-drop auf den WindowContainer.

Diese Abbildungen stellen die Anordnungsveranschaulichung des Containers dar. Bei diesen Abbildungen sind befüllte XdevWindowContainer erkennbar.

2.3 Zusammenfassung

IT-Lösungen auf Basis von Java XDEV 4 für Einsparpotenziale bei elektrischen Energieverbrauchern stellen den Begriff „Energietechnik-Informatik" in Bezug auf die Informationstechnologie dar.

Mit dem Java XDEV 4 Framework lassen sich Java-Oberflächen wie mit einem Grafikprogramm per Drag-and-drop designen. Das Kapitel hat in Bezug auf die Anwendung der Energietechnik in der Informatik einen Überblick über Swing-Komponenten gegeben.

Formulare wurden automatisch generiert. Dazu mussten virtuelle Tabellen aus dem Projektmanagement per Drag-and-drop in die Arbeitsfläche gezogen werden.

Zudem konnten Formulare per Mausklick mit einem Tabellen-Widget verknüpft werden. Dadurch wurde ein in der Tabelle angewählter Datensatz automatisch in das verbundene Formular übertragen, wo die Daten editiert wurden.

Als Layouthilfen für statische Layouts bietet der GUI-Builder von XDEV 4 Framework Werkzeuge wie Hilfslinien und Funktionen zum Verteilen, Ausrichten und Andocken von Komponenten, die sich an unterschiedliche Bildschirmauflösungen anpassen können.

Literatur

Just, O.: Regenerative Energiesysteme II: RAVEN – Energiemanagement. Fakultät für Mathematik und Informatik, FernUniversität in Hagen (2010)
Krüger, G., Hansen, H.: Java Programmierung. Das Handbuch zu Java 8, S. 1–1079. O'Reilly Verlag, Köln (2014)

Anwendung der Architektur von Swing in der Entwicklung der grafischen Oberfläche

XDEV 4 GUI-Komponente für den Asynchronmotor

Dieses Kapitel ist eine Anwendung der Informatik in der elektrischen Energietechnik. Diese Anwendung stellt den Begriff „Energietechnik-Informatik" zur Entwicklung der Benutzeroberfläche der Energiemanagement-Anwendungen des Asynchronmotors auf Basis des Model-View-Controller-Prinzips dar. Mit Hilfe der Swing-Architektur wird die grafische Oberfläche des Fensters für Projektmanagement-Anwendungen entwickelt.

3.1 Benutzeroberfläche der Energiemanagement-Anwendungen des Asynchronmotors

Die mit XDEV 4 erstellten Oberflächen basieren auf Java Swing. Swing ist eine Grafikbibliothek zum Programmieren von grafischen Oberflächen und baut auf dem Vorgänger AWT (Abstract Window Toolkit) auf. Swing ist modular aufgebaut und erweiterbar, gilt als ausgereift und eignet sich für die Entwicklung komplexer Benutzeroberflächen (Krüger und Hansen 2014). Abb. 3.1 gibt einen Überblick über den Inhalt der virtuellen Tabelle „Motordimensionierung".

3.1.1 Model-View-Controller (MVC) Konzept

Swing basiert auf dem Model-View-Controller (MVC) Konzept, das die Unterteilung einer GUI- Komponente in „Modell", „View" und „Controller" als strikt voneinander getrennte Bestandteile vorsieht (Krüger und Hansen 2014; Louis und

© Springer Fachmedien Wiesbaden GmbH 2018   19
E.A. Nyamsi, *Realisierung der Einsparpotentiale bei elektrischen Energieverbrauchern*, https://doi.org/10.1007/978-3-658-14715-0_3

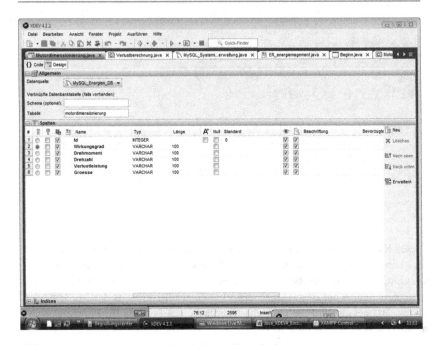

Abb. 3.1 Struktur der virtuellen Tabelle Motordimensionierung

Müller 2014; Daum 2007). Das Modell enthält die Daten, während das View seine Daten auf der Benutzeroberfläche anzeigt (z. B. in einer XdevTable) und der Controller Ereignisse auf der GUI-Komponente registriert. Die Tab. 3.1 illustriert die Anordnung von GUI-Komponenten von Java XDEV 4.

3.1.2   Implementierung der Klasse *XdevWindow*

Listings 3.1a–m stellen die Architektur von Swing in Bezug auf das Fenster „*Beginn*" dar. Sie fokussieren auf die GUI-Programmierung, die auf „Fenster", „Komponenten", „Menüs", „Layout-Manager", und „Events" aufgebaut ist.

Die Listings stellen die Implementierung der Klasse *XdevWindow* in der Klasse *Beginn* dar.

Mit Hilfe der Autovervollständigung wurden Imports für verwendete Klassen automatisch erzeugt.

Tab. 3.1 GUI-Komponenten von Java XDEV 4

Xdev GUI-Komponente	Java Swing Komponente
XdevContainer	JPanel
XdevFormattedTextField	JFormattedTextField
XdevTextField	JTextField
XdevButton	JButton
XdevFormular	FormularComponent
Xdev.ui.VirtualTableRow	VirtualTableRow

XdevFormular managt n:m-Relationen. Außerdem kann XdevFormular zum Darstellen einer Spalte einer virtuellen Tabelle verwendet werden

```
package Fenster;
import xdev.lang.EventHandlerDelegate;
import xdev.lang.XDEV;
import xdev.lang.cmd.OpenWindow;
import xdev.ui.*;
import xdev.ui.event.FormularAdapter;
import xdev.ui.event.FormularEvent;
import xdev.ui.text.TextFormat;
import java.awt.Dimension;
import java.awt.FlowLayout;
import java.awt.GridBagLayout;
import java.awt.Insets;
import java.awt.event.ActionEvent;
import java.awt.event.WindowAdapter;
import java.awt.event.WindowEvent;
import java.util.Locale;
import javax.swing.JScrollPane;
import javax.swing.ListSelectionModel;
import javax.swing.SwingConstants;
import VirtuelleTabellen.Energien;
```

Listing 3.1a Imports für GUI-Programmierung

```
public class Beginn
extends XdevWindow
{
    @EventHandlerDelegate void this_windowClosing(WindowEvent arg0)
```

```
{
 close();
}
@EventHandlerDelegate void cmdNew_actionPerformed(ActionEvent
                                                        arg0)
{
 formular2.reset(VirtuelleTabellen.Energien.VT);
}
@EventHandlerDelegate void cmdReset_actionPerformed(ActionEvent
                                                        arg0)
{    formular2.reset();
}
@EventHandlerDelegate void cmdSave_actionPerformed(ActionEvent
                                                        arg0)
{
 if(formular2.verifyFormularComponents())
 {
  try
  {
   formular2.save();
  }
  catch(Exception e)
  {
   e.printStackTrace();
  }
 }
}
@EventHandlerDelegate void cmdSaveAndNew_actionPerformed(ActionEvent
                                                        arg0)
 if(formular2.verifyFormularComponents())
{
  try
  {
   formular2.save();
   formular2.reset(VirtuelleTabellen.Energien.VT);
  }
  catch(Exception e)
  {
```

```
     e.printStackTrace();
   }
  }
 }
 ...
```

Listing 3.1b Implementierung der Klasse *XdevWindow* im Hinblick auf *ActionEvent* für Formular

```
@EventHandlerDelegate void button_actionPerformed(ActionEvent
                                                           arg0)
{ XDEV.OpenWindow(new OpenWindow()
   {
   @Override
   public void init()
    {
    setXdevWindow(new Betriebsverhalten());
    setContainerType(ContainerType.DIALOG);
    setModal(true);
    }
   });
  }
 @EventHandlerDelegate void formular_formularModelChanged-
                              (FormularEvent event)
}
 XdevContainer container;
 XdevFormattedTextField formattedTextField2, formattedTextField3,
 formattedTextField4, formattedTextField5,  formattedTextField6,
              formattedTextField7, formattedTextField;
 XdevTextField textField2, textField3, textField4, textField;
 XdevButton cmdNew, cmdReset, cmdSave, cmdSaveAndNew, cmdSearch,
                                        button;
 XdevFormular formular, formular2;
 XdevTable table;
 XdevLabel label2, label3, label4, label5, label6, label7,
              label8, label9, label10, label11, label;
```

Listing 3.1c Implementierung der Klasse *XdevWindow* im Hinblick auf GUI-Komponente

```
{ formular = new XdevFormular();
  formular2 = new XdevFormular();
  label2 = new XdevLabel();
  formattedTextField2 = new XdevFormattedTextField();
  label3 = new XdevLabel();
  textField2 = new XdevTextField();
  label4 = new XdevLabel();
  textField3 = new XdevTextField();
  ..
```

Listing 3.1d Implementierung der Klasse *XdevWindow* im Hinblick auf GUI-Komponente

```
formattedTextField4 = new XdevFormattedTextField();
  label9 = new XdevLabel();
  formattedTextField5 = new XdevFormattedTextField();
  label10 = new XdevLabel();
  formattedTextField6 = new XdevFormattedTextField();
  label11 = new XdevLabel();
  formattedTextField7 = new XdevFormattedTextField();
  label = new XdevLabel();
  formattedTextField = new XdevFormattedTextField();
```

Listing 3.1 Implementierung der Klasse *XdevWindow* im Hinblick auf XdevFormattedTextField

```
  container = new XdevContainer();
  cmdNew = new XdevButton();
  cmdReset = new XdevButton();
  cmdSave = new XdevButton();
  cmdSaveAndNew = new XdevButton();
  cmdSearch = new XdevButton();
  button = new XdevButton();
  table = new XdevTable();
```

Listing 3.1e Implementierung der Klasse *XdevWindow* im Hinblick auf *XdevButton, -Container und -Table*

```
  this.setPreferredSize(new Dimension(875,806));
  formular2.setName("formular2");
  label2.setText("Id");
```

```
label2.setName("label2");
formattedTextField2.setDataField("VirtuelleTabellen.Energien.Id");
formattedTextField2.setTabIndex(2);
formattedTextField2.setName("formattedTextField2");
formattedTextField2.setTextFormat(TextFormat.getNumber-
    Instance(Locale.getDefa ult(),null,0,0,false,false));
formattedTextField2.setHorizontalAlignment(SwingConstants.LEFT);
```

Listing 3.1f, 3.1e Implementierung der Klasse *XdevWindow* im Hinblick auf Formatierung des Textes

```
label3.setText("Schaltung");
label3.setName("label3");
textField2.setDataField("VirtuelleTabellen.Energien.Schaltung");
textField2.setTabIndex(3);
textField2.setMaxSignCount(300);
textField2.setName("textField2");
textField2.setHorizontalAlignment(SwingConstants.LEFT);
label4.setText("Getriebestufen");
label4.setName("label4");
textField3.setDataField("VirtuelleTabellen.Energien.
                            Getriebestufen");
textField3.setTabIndex(4);
textField3.setMaxSignCount(300);
textField3.setName("textField3");
textField3.setHorizontalAlignment(SwingConstants.LEFT);
label5.setText("Verlusteanalyse");
label5.setName("label5");
textField4.setDataField("VirtuelleTabellen.Energien.
                            Verlusteanalyse");
textField4.setTabIndex(5);
textField4.setMaxSignCount(300);
textField4.setName("textField4");
textField4.setHorizontalAlignment(SwingConstants.LEFT);
label6.setText("Effizienzstufen");
label6.setName("label6");
textField.setDataField("VirtuelleTabellen.Energien.
                            Effizienzstufen");
```

```
textField.setTabIndex(6);
textField.setMaxSignCount(300);
textField.setHorizontalAlignment(SwingConstants.LEFT);
label7.setText("Motorenbetriebsverhalten_Id");
label7.setName("label7");
```

Listing 3.1g Implementierung der Klasse *XdevWindow* im Hinblick auf Datensatzes

```
formattedTextField3.setDataField("VirtuelleTabellen.Energien.
                            Motorenbetriebsverhalten_Id");
formattedTextField3.setTabIndex(7);
formattedTextField3.setName("formattedTextField3");
formattedTextField3.setTextFormat(TextFormat.getNumber-
        Instance(Locale.getDefault(),null,0,0,false,false));
formattedTextField3.setHorizontalAlignment(SwingConstants.LEFT);
label8.setText("Getriebearten_Id");
label8.setName("label8");
...
```

Listing 3.1h Implemetierung der Klasse XdevWindow im Hinblick auf *FormattedTextField*

```
formattedTextField4.setTextFormat(TextFormat.getNumber-
        Instance(Locale.getDefault(),null,0,0,false,false));
formattedTextField4.setHorizontalAlignment(SwingConstants.
                                            LEFT);
label9.setText("Frequenzumrichter_Id");
label9.setName("label9");
formattedTextField5.setDataField("VirtuelleTabellen.Energi-
                    en.Frequenzumrichter_Id");
formattedTextField5.setTabIndex(9);
formattedTextField5.setName("formattedTextField5");
formattedTextField5.setTextFormat(TextFormat.getNumber-
        Instance(Locale.getDefault(),null,0,0,false,false));
formattedTextField5.setHorizontalAlignment(SwingConstants.
                                            LEFT);
label10.setText("Motordimensionierung_Id");
label10.setName("label10");
formattedTextField6.setDataField("VirtuelleTabellen.
                    Energien.Motordimensionierung_Id");
```

```
formattedTextField6.setTabIndex(10);
formattedTextField6.setName("formattedTextField6");
formattedTextField6.setTextFormat(TextFormat.getNumber-
    Instance(Locale.getDefault(),null,0,0,false,false));
formattedTextField6.setHorizontalAlignment(SwingConstants.
                                                LEFT);
label11.setText("Effizienzoptimierung_Id");
label11.setName("label11");
formattedTextField7.setDataField("VirtuelleTabellen.Energien.
                            Effizienzoptimierung_Id");
formattedTextField7.setTabIndex(11);
formattedTextField7.setName("formattedTextField7");
formattedTextField7.setTextFormat(TextFormat.getNumber-
    Instance(Locale.getDefault(),null,0,0,false,false));
formattedTextField7.setHorizontalAlignment(SwingConstants.
                                                LEFT);
label.setText("Verluste_Id");
formattedTextField.setDataField("VirtuelleTabellen.
                        Energien.Verluste_Id");
formattedTextField.setTabIndex(12);
formattedTextField.setTextFormat(TextFormat.getNumber-
    Instance(Locale.getDefault(),null,0,0,false,false));
formattedTextField.setHorizontalAlignment(SwingConstants.
                                                LEFT);
```

Listing 3.1i, 3.1e Implementierung der Klasse *XdevWindow* mit Einsatz von GUI-Komponenten

```
cmdNew.setTabIndex(13);
cmdNew.setText("Neu");
cmdReset.setTabIndex(14);
cmdReset.setText("Zurücksetzen");
cmdSave.setTabIndex(15);
cmdSave.setText("Speichern");
cmdSaveAndNew.setTabIndex(16);
cmdSaveAndNew.setText("Speichern + Neu");
cmdSearch.setTabIndex(17);
cmdSearch.setText("Suche");
button.setTabIndex(18);
```

```
button.setText("Button");
table.setTabIndex(1);
table.setSelectionMode(ListSelectionModel.SINGLE_SELECTION);
table.setModel(Energien.VT,"*",true);
```

Listing 3.1k, 3.1e Implementierung der Klasse *XdevWindow* mit Einsatz von XdevButton

```
label2.saveState();
formattedTextField2.saveState();
label3.saveState();
textField2.saveState();
label4.saveState();
textField3.saveState();
label5.saveState();              ..
```

Listing 3.1l Implementierung der Klasse *XdevWindow* im Hinblick auf Speicherungszustand

```
container.setLayout(new FlowLayout(FlowLayout.TRAILING,3,3));
  container.add(cmdNew);
  container.add(cmdReset);
  container.add(cmdSave);
  container.add(cmdSaveAndNew);
  container.add(cmdSearch);
  container.add(button);
```

Listing 3.1m Implementierung der Klasse *XdevWindow* mit Hinzufügen von Container

```
formular2.setLayout(new GridBagLayout());
  formular2.add(label2,new   GBC(1,1,1,1,0.0,0.0,GBC.BASELINE_
                LEADING,GBC.NONE,new Insets(3,3,3,3),0,0));
  formular2.add(formattedTextField2,newGBC(2,1,1,1,1.0,0.0,GBC.
    BASELINE_LEADING,GBC.HORIZONTAL,newInsets(3,3,3,3),0,0));
  formular2.add(label3,new   GBC(1,2,1,1,0.0,0.0,GBC.BASELINE_
                LEADING,GBC.NONE,new Insets(3,3,3,3),0,0));
  formular2.add(textField2,new   GBC(2,2,1,1,1.0,0.0,GBC.BASE-
        LINE_LEADING,GBC.HORIZONTAL,new Insets(3,3,3,3),0,0));
  formular2.add(label4,new   GBC(1,3,1,1,0.0,0.0,GBC.BASELINE_
                LEADING,GBC.NONE,new Insets(3,3,3,3),0,0));
```

```
formular2.add(textField3,new GBC(2,3,1,1,1.0,0.0,GBC.BASE-
       LINE_LEADING,GBC.HORIZONTAL,new Insets(3,3,3,3),0,0));
formular2.add(label5,new GBC(1,4,1,1,0.0,0.0,GBC.BASELINE_
       LEADING,GBC.NONE,new Insets(3,3,3,3),0,0));
formular2.add(textField4,new GBC(2,4,1,1,1.0,0.0,GBC.BASE-
       LINE_LEADING,GBC.HORIZONTAL,new Insets(3,3,3,3),0,0));
formular2.add(label6,new GBC(1,5,1,1,0.0,0.0,GBC.BASELINE_
       LEADING,GBC.NONE,new Insets(3,3,3,3),0,0));
formular2.add(textField,new GBC(2,5,1,1,1.0,0.0,GBC.BASE-
       LINE_LEADING,GBC.HORIZONTAL,new Insets(3,3,3,3),0,0));
...
```

Listing 3.1n Implementierung der Klasse *XdevWindow* mit Hinzufügen von Formular

```
formular2.add(label7,new GBC(1,6,1,1,0.0,0.0,GBC.BASELINE_
       LEADING,GBC.NONE,new Insets(3,3,3,3),0,0));
formular2.add(formattedTextField3,new GBC(2,6,1,1,1.0,0.0,GBC.
       BASELINE_LEADING,GBC.HORIZONTAL,new Insets(3,3,3,3),0,0));
formular2.add(label8,new GBC(1,7,1,1,0.0,0.0,GBC.BASELINE_
       LEADING,GBC.NONE,new Insets(3,3,3,3),0,0));   ..
```

Listing 3.1o Implementierung der Klasse *XdevWindow* mit Hinzufügen von Formular

```
formular2.add(label11,new GBC(1,10,1,1,0.0,0.0,GBC.BASELINE_
       LEADING,GBC.NONE,new Insets(3,3,3,3),0,0));
formular2.add(formattedTextField7,new GBC(2,10,1,1,1.0,0.0,GBC.
       BASELINE_LEADING,GBC.HORIZONTAL,new Insets(3,3,3,3),0,0));
...
```

Listing 3.1p Überblick über Position des hinzugefügten Formulars

```
formular2.setBounds(95,246,546,392);
formular.add(formular2);
JScrollPane table_carrier = new XScrollPane(table,XScroll-
Pane.VERTICAL_SCROLLBAR_AS_NEEDED,XScrollPane.HORIZONTAL_
                              SCROLLBAR_AS_NEEDED);
table_carrier.setBounds(46,9,574,206);
formular.add(table_carrier);
formular.setBounds(44,-3,746,736);
this.add(formular);
```

Listing 3.1q Überblick über *JScrollPane* beim Einsatz von Formular

```java
this.addWindowListener(new WindowAdapter()
{
  @Override
  public void windowClosing(WindowEvent arg0)
  {
    this_windowClosing(arg0);
  }
});
formular.addFormularListener(new FormularAdapter()
{
  @Override
  public void formularModelChanged(FormularEvent event)
  {
    formular_formularModelChanged(event);
  }
});
```

Listing 3.1r Überblick über Schließen von Fenster mit Hilfe von AdapterKlassen

```java
cmdNew.addActionListener(arg0 -> cmdNew_action-
                                        Performed(arg0));
cmdReset.addActionListener(arg0 -> cmdReset_action-
                                        Performed(arg0));
cmdSave.addActionListener(arg0 -> cmdSave_action-
                                        Performed(arg0));
cmdSaveAndNew.addActionListener(arg0 -> cmdSaveAndNew_
                                        actionPerformed(arg0));
cmdSearch.addActionListener(arg0 -> cmdSearch_action-
                                        Performed(arg0));
button.addActionListener(arg0 -> button_actionPerformed(arg0));
  }
}
```

Listing 3.1s Überblick über Lamda-Ausdrücke

3.1.3 Datenquelle einer Virtuelle Tabelle

In XDEV 4 ist für alle GUI-Komponenten die Datenquelle eine Virtuelle Tabelle (VT). Listings 3.2a–p zeigen die Struktur der Tabelle Motordimensionierung. Der XDEV 4 GUI-Builder verwendet eine von den Swing-Komponenten abgeleitete

Komponenten-Palette, deren Klassennamen jeweils mit dem Kürzel Xdev beginnt (u. a. XdevButton, XdevTable, XdevTree etc.). Anders als die Standard-Komponenten von Swing sind sämtliche Xdev-Komponenten eng mit dem XDEV Application Framework verzahnt (http://cms.xdev-software.de/xdevdoku/HTML/).

```
package VirtuelleTabellen;
import xdev.db.DataType;
import xdev.lang.StaticInstanceSupport;
import xdev.ui.text.TextFormat;
import xdev.vt.VirtualTable;
import xdev.vt.VirtualTableColumn;
import java.util.Locale;
import Datenquellen.MySQL_Energien_DB;
```

Listing 3.2a Imports der Xdev-Komponenten für die Klasse Motordimensionierung

```
public class Motordimensionierung extends VirtualTable
                          implements StaticInstanceSupport
{
  public final static VirtualTableColumn<Integer> Id;
  public final static VirtualTableColumn<String> Wirkungsgrad;
  public final static VirtualTableColumn<String> Drehmoment;
  public final static VirtualTableColumn<String> Drehzahl;
  public final static VirtualTableColumn<String> Verlustleistung;
  public final static VirtualTableColumn<String> Groesse;
```

Listing 3.2b Ableitung der Klasse VirtualTable und Implementierung der statischen Klasse StaticInstanceSupport

```
static
{
  Id = new VirtualTableColumn<Integer>("Id");
  Id.setType(DataType.INTEGER);
  Id.setNullable(false);
  Id.setDefaultValue(0);
  Id.setPreferredWidth(100);
  Id.setTextFormat(TextFormat.getNumberInstance(Locale.getDefault
                          (),null,0,0,false,false));
  Wirkungsgrad = new VirtualTableColumn<String>("Wirkungsgrad");
  Wirkungsgrad.setType(DataType.VARCHAR,100);
  Wirkungsgrad.setNullable(false);
```

```
Wirkungsgrad.setDefaultValue("");
Wirkungsgrad.setPreferredWidth(100);
Wirkungsgrad.setTextFormat(TextFormat.getPlainInstance());
Drehmoment = new VirtualTableColumn<String>("Drehmoment");
Drehmoment.setType(DataType.VARCHAR,100);
Drehmoment.setNullable(false);
Drehmoment.setDefaultValue("");
Drehmoment.setPreferredWidth(100);
Drehmoment.setTextFormat(TextFormat.getPlainInstance());
Drehzahl = new VirtualTableColumn<String>("Drehzahl");
Drehzahl.setType(DataType.VARCHAR,100);
Drehzahl.setNullable(false);
Drehzahl.setDefaultValue("");
Drehzahl.setPreferredWidth(100);
Drehzahl.setTextFormat(TextFormat.getPlainInstance());
Verlustleistung = new VirtualTableColumn<String>-
                                ("Verlustleistung");
Verlustleistung.setType(DataType.VARCHAR,100);
Verlustleistung.setNullable(false);
Verlustleistung.setDefaultValue("");
Verlustleistung.setPreferredWidth(100);
Verlustleistung.setTextFormat(TextFormat.getPlainInstance());
Groesse = new VirtualTableColumn<String>("Groesse");
Groesse.setType(DataType.VARCHAR,100);
Groesse.setNullable(false);
Groesse.setDefaultValue("");
Groesse.setPreferredWidth(100);
Groesse.setTextFormat(TextFormat.getPlainInstance());
}
```

Listing 3.2b Statischer Initialisierer mit paramterlosen Methoden zur Implementierung von *StaticInstanceSupport*

```
public Motordimensionierung()
  {
  super(Motordimensionierung.class.getName(),null,"motordim
    ensionierung",Id,Wirkungsgrad,Drehmoment,Drehzahl,Verlus
                                tleistung,Groesse);
  setDataSource(MySQL_Energien_DB.DB);
  setPrimaryColumn(Wirkungsgrad);
```

```
}
public final static Motordimensionierung VT = new Motordimen-
                                              sionierung();
public static Motordimensionierung getInstance()
{
   return VT;
}
}
```

Listing 3.2c Aufruf des Superklassenkonstruktors und der Methode *Motordimensionie-rung()* mit Hilfe von der Anweisung „new" und Methodendefinition von *Motordimensionie-rung getInstance()*

3.1.4 Entwicklung von Administrationsfenster

Ein Fenster ist in XDEV 4 (XdevWindow) zunächst einmal nur ein Container (JContentPane), in den alle GUI-Komponenten eingefügt werden können. Zur Laufzeit wird das XdevWindow in einem XdevFrame aufgerufen, das von der Swing Klasse JFrame ableitet. Abb. 3.2–3.4 zeigen, wie sich die Administrationsfenster „*Beginn*" zu Administration-Frontends zusammenführen lassen.

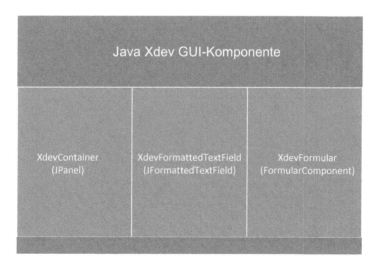

Abb. 3.2 Verknüpfen der XdevTabelle mit dem Formular

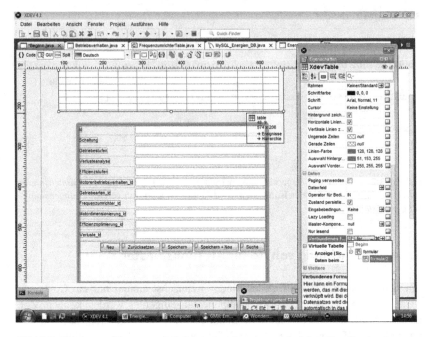

Abb. 3.3 Zusammenführen von Administrationsfenster zu Administration-Frontends

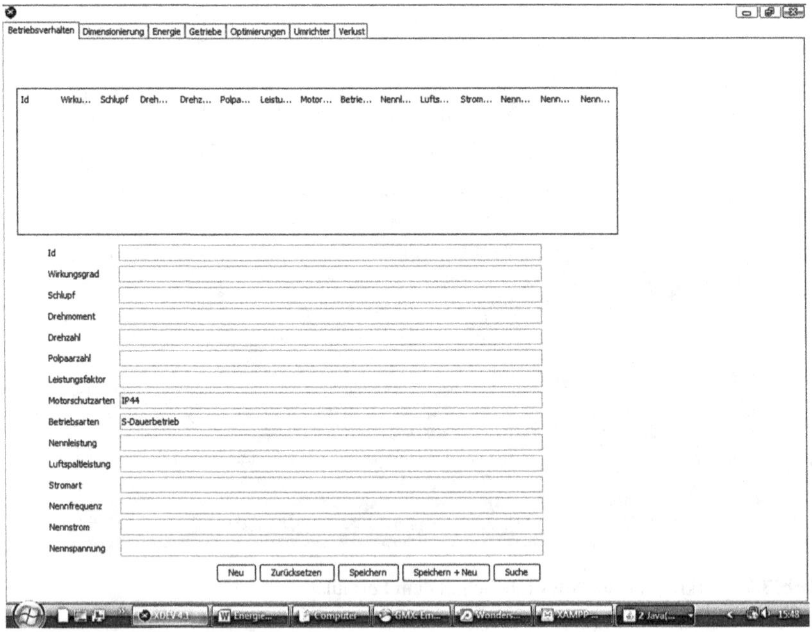

Abb. 3.4 Kompilieren von Administration-Frontends

Das XdevFrame stellt den Fensterrahmen zur Verfügung und zeigt das Xdev-Window mit dessen Content an. Jedes XdevWindow lässt sich darüber hinaus auch als modaler oder nichtmodaler Dialog aufrufen.

3.2   Event-Handlings

3.2.1 Überblick über *EventHandlerDelegate*

Die meisten Funktionen einer grafischen Oberfläche werden erst dann ausgeführt, wenn ein bestimmtes Ereignis auf der Oberfläche ausgelöst wird. Mit Hilfe eines GUI-Handlers lassen sich bei jeder GUI-Komponente verschiedene Ereignisse registrieren (http://cms.xdev-software.de/xdevdoku/HTML/; Krüger und Hansen 2014; Louis und Müller 2014). Beim Ansehen des Quellcodes der Listings 3.3a–b ist festzustellen, dass die Oberflächen des Fensters „*Beginn*" mit Hilfe des *Event-Handlings* (z. B. @EventHandlerDelegate) programmiert wurden.

```
@EventHandlerDelegate void cmdNew_actionPerformed(ActionEvent
                                                  arg0)
{
    formular2.reset(VirtuelleTabellen.Energien.VT);
}
@EventHandlerDelegate void cmdReset_actionPerformed(ActionEvent
                                                    arg0)
{
    formular2.reset();
}
```

Listing 3.3a Methoden *cmdNew_actionPerformed(ActionEvent arg0)* und *cmdReset_actionPerformed(ActionEvent arg0)*

```
{
    if(formular2.verifyFormularComponents())
    {
        try
        {
            formular2.save();
        }
        catch(Exception e)
        {
```

```
    e.printStackTrace();
  }
 }
}
```

Listing 3 Die if-Anweisung mit Ausnahme-Behandlung try() und catch() zum Speichern vom Formular

3.2.2 Delegation *Event Model* zum Kommunikationsmodell zwischen *Event Sources* und *Event Listeners*

Um einen Event-Handler für eine GUI-Komponente zu erzeugen, muss die GUI-Komponente im GUI-Builder des Java XDEV 4 Frameworks selektiert werden und das gewünschte Ereignis anschließend im Fenster Ereignisse angeklickt werden. Dieses Ereignis kann über das Menü Fenster aufgerufen werden.

Das oben genannte Listing 3.3a bezieht sich auf das Delegation Event Model, welches ein Kommunikationsmodell zwischen *Event Sources* und *Event Listeners* darstellt. Dem Listing 3.3a ist die Erzeugung eines Event-Handling *ActionEvent* zu entnehmen. Das Ereignis *actionPerformed* wird bei einer Aktion ausgelöst, die je nach Komponente unterschiedlich sein kann. Bei dem oben genannten Abschnitt stellt die Methode *actionPerformed()* die Implementierung der Schnittstelle *ActionListener* in Bezug auf Klickereignis von Schaltflächen(z. B. Maus) dar. Beim Analysieren des Codes des Listings 3.3b ist zu bemerken, dass die Aktionslogik des Ereignisses in der Methode *actionPerformed()* programmiert wurde. Zum Beispiel entspricht die Methode *formular2.reset()* zurücksetzen und die Methode formular2.save() *speichern*. Das heißt, beim Klicken auf den Button *zurücksetzen* oder speichern wird der zuletzt in das Formular übertragene Datensatz wiederhergestellt bzw. im Formular gespeichert.

3.3   Überblick über Adapterklassen in dem Bezug auf die Implementierung des Interface Event-Listeners

3.3.1   Implementieren von Schnittstellen wie *FormularAdapter* und *WindowAdapter*

Das Listing 3.4 gibt einen Überblick über die Verwendung der Adapterklasse. Es zeigt, dass beim Implementieren von Schnittstellen wie *FormularAdapter* und *WindowAdapter* mit der abgeleiteten Klasse *Beginn* in diesen Schnittstellen deklarierte Methoden wie z. B. *this_windowClosing(WindowEvent arg0)* oder addWindowListener(new WindowAdapter() und windowClosing(WindowEvent arg0) definiert wurden.

```
@EventHandlerDelegate void this_windowClosing(WindowEvent arg0)
{
 close();
}
this.addWindowListener(new WindowAdapter()
  {
    @Override
    public void windowClosing(WindowEvent arg0)
    {
      this_windowClosing(arg0);
    } });
```

Listing 3.4 *_windowClosing(WindowEvent arg0) oder addWindowListener(new WindowAdapter() und windowClosing(WindowEvent arg0)*

3.3.2   Definition der Methode ohne funktionellen Code

Das oben genannte Listing 3.4 stellt die Überschreibung der interessierten Methoden der Adapterklassen zum Implementieren der Schnittstelle *WindowAdapter* dar. Es gibt einen Überblick über die Methode *windowClosing(WindowEvent arg0)*: Diese Methode ist ohne funktionellen Code definiert. Es ist zu bemerken, dass die Adapterklasse dieser Methode *WindowAdapter* heißt. Eigentlich ruft diese Methode *this_windowClosing(arg0)* auf. Das heißt, diese Methode stellt ein Ereignis vom Typ *WindowEvent* dar. Die Methode *windowClosing(WindowEvent arg0)* der *Adapter Klasse WindowAdapter* wurde deklariert, um das Ereignis auszulösen, bevor das Fenster geschlossen wird.

3.4   Anwendung anonymer Klassen für die Ereignisbehandlung

3.4.1   Implementierung von *EventListener*

Das Ziel der Ereignisbehandlung ist es, *EventListener* zu implementieren. Dem Listing 3.5 ist diese Behandlung bei dem Definieren der anonymen Klassen *OpenWindow* und *Betriebsverhalten* zu entnehmen.

Das Listings 3.5 gibt einen Überblick über die Verwendung der anonymen Klassen *OpenWindow* und *Betriebsverhalten* in Bezug auf das Implementieren des Interface *ActionListeners*. Hierbei führen zwei Ereignisse zum selben Ergebnis. Mit Hilfe der Methoden *button_actionPerformed(ActionEvent arg0)* und *init()* wird ein Ergebnis erzeugt: Das Fenster wird nach der Initialisierung von dem Container *OpenWindow* geöffnet. In Bezug auf die Gültigkeitsbereiche der Variablen von der Klasse *Beginn* ist festzustellen, dass die deklarierten Variablen in der *actionPerformed*-Methode z. B. *cmdNew* oder *button* lokalen Variablen sind.

```
@EventHandlerDelegate void button_actionPerformed(ActionEvent
                                                  arg0)
{
  XDEV.OpenWindow(new OpenWindow()
  {
    @Override
    public void init()
    {
      setXdevWindow(new Betriebsverhalten());
      setContainerType(ContainerType.DIALOG);
      setModal(true);
    }
  });
}
```

Listing 3.5 Implementieren des Interface *ActionListeners*

3.5 Überblick über elementare Ereignisarten: Window-Event oder Low-Level-Event

3.5.1 Anwendung eines Window-Events

Das Listing 3.6 zeigt, wie ein Window-Event generiert wird. Bei dem Listing 3.6 ist zu bemerken, dass die Anwendung eines Window-Events in der Änderung des Status des Fensters resultiert: Diese Änderung ist mit Hilfe der Methode *windowClosing(WindowEvent arg0)* des Listings 3.6 implementiert.

```
this.addWindowListener(new WindowAdapter()
{
  @Override
  public void windowClosing(WindowEvent arg0)
  {
    this_windowClosing(arg0);
  }
});
```

Listing 3.6   Methode *windowClosing(WindowEvent arg0)*

3.5.2   Implementierung des Interfaces *WindowListener*

Das Listing 3.6 demonstriert die Anwendung der Methode *windowClosing(Window-Event arg0)*. Hierbei erfolgt die Generierung des Window-Events mit Hilfe der Methode *addWindowListener(new WindowAdapter())* und dem anonymen *Window-Adapter(Adapterklasse)*, der *windowClosing* überlagert und das Fenster durch Aufrufe von *this_windowClosing(arg0)* schließt. Beim Listing 3.6 beschreibt das Ereignis *WindowEvent* mit Hilfe der Methode *addWindowListener()* die Änderung des Zustands des Fensters *Beginn:* Das Ziel ist die Implementierung des Interface *WindowListeners*.

3.5.3   XDEV 4 GUI-Komponente zum Implementieren der Schnittstellen durch lokale Klassen

Der XDEV 4 GUI-Builder verwendet nicht die Standard-Komponenten-Palette von Java Swing (u. a. JButton, JTable, JTree, etc.), sondern eine von den Swing-Komponenten abgeleitete Komponenten-Palette, deren Klassennamen jeweils mit dem Kürzel Xdev beginnt (u. a. XdevButton, XdevTable, XdevTree etc.). Das heißt, für das Java XDEV 4 Framework wurde eine vollständig neue GUI-Komponenten-Palette eingeführt (http://cms.xdev-software.de/xdevdoku/ HTML/). Listing 3.7 gibt einen Überblick über die Initialisierung von XDEV GUI-Komponente bezüglich der Implementierung der Schnittstelle durch lokale Kassen.

```
XdevContainer   container;
XdevFormattedTextField   formattedTextField2,   formattedText-
Field3,  formattedTextField4,  formattedTextField5,  formatted-
        TextField6,  formattedTextField7,  formattedTextField;
XdevTextField  textField2,  textField3,  textField4,  textField;
XdevButton   cmdNew,  cmdReset,  cmdSave,  cmdSaveAndNew,
                                             cmdSearch,button;
XdevFormular   formular,  formular2;
XdevTable   table;
XdevLabel   label2,  label3,  label4,  label5,  label6,  label7,
            label8,  label9,  label10,  label11;
```

Listing 3.7 Initialisierung von XDEV GUI-Komponente

3.6   Überblick über nichtstatischen Initialisierer der inneren Klasse

3.6.1   Erzeugung von Objektinstanzen innerhalb der Klasse *XdevWindow*

Das Listing 3.8 gibt einen Überblick über XDEV-GUI-Komponenten, die in der abgeleiteten Klasse *Beginn* initialisiert wurden. Beim Analysieren des Programmcodes des Listings 3.8 ist erkennbar, dass nichtstatische Elemente aus der Basisklasse *XdevWindow* definiert wurden. Beim Listing 3.8 fällt auf, dass es sich hier um nichtstatische Initialisierer handelt. Die Definition der abgeleiteten Klasse *Beginn* aus dem Listing 3.8 entspricht einer nichtstatischen inneren Klasse: also einer Klasse in einer Klasse(*XdevWindow*). Dabei wurde innerhalb der Klasse *XdevWindow* die Klasse *Beginn* definiert, die nur innerhalb von *XdevWindow* sichtbar ist. Die Objektinstanzen von der Klasse *Beginn* wie z.B. *container, formattedTextField2, textField2, cmdSave, formular2, table* und *label5* sind auch nur innerhalb von der Klasse *XdevWindow* sichtbar. Diese Objektinstanzen wurden nur innerhalb von der Klasse *XdevWindow* erzeugt.

Die abgeleitete Klasse *Beginn* ist eine innere und lokale Klasse. Sie wurde definiert, um die Klasse *XdevWindow* zu implementieren.

Beim Listing 3.8 ist erkennbar, dass die innere Klasse *Beginn* auf die Membervariablen der äußeren Klasse *XdevWindow* zugreift. Das folgende Codefragment illustriert diesen Zugriff und zeigt, dass die Instanziierung der abgeleiteten inneren Klasse *Beginn* innerhalb der Klasse *XdevWindow* erfolgt. Bei diesem Codefragment wurde das Instanziieren der abgeleiteten Klasse *Beginn* mit dem Schlüsselwort *new* realisiert. Das Codefragment zeigt, dass die geerbten Elemente in der abgeleiteten Klasse *Beginn* Unterobjekte bilden und für die Initialisierung dieser Elemente die Konstruktoren der Basisklasse *Xdevwindow* zuständig sind.

```
formular2 = new XdevFormular();
label2 = new XdevLabel();
formattedTextField2 = new XdevFormattedTextField();
textField2 = new XdevTextField();
container = new XdevContainer();
cmdNew = new XdevButton();
cmdReset = new XdevButton();
cmdSave = new XdevButton();
cmdSaveAndNew = new XdevButton();
cmdSearch = new XdevButton();
button = new XdevButton();
table = new XdevTable();
```

Listing 3.8 Instanziieren der abgeleiteten Klasse

3.6.2 Prinzip der Kapselung in der objektorientierten Programmierung

Dank des Prinzips der Kapselung in der objektorientierten Programmierung sind Attribute der Objekte über die *set-Methoden* der inneren lokalen Klasse (oder Hilfsklasse) *Beginn* aus dem Listings 3.8 verändert worden. Hier wurden diese genannten *set-Methoden* zu ihren entsprechenden Objekten mit dem Punktoperator aufgerufen.

Das folgende Codefragment aus dem Listing 3.9 erläutert diese Kapselung in Bezug auf die set-Methoden, worüber der Zugriff auf die Attribute erfolgt.

```
formular2.setName("formular2");
label2.setText("Id");
formattedTextField2.setDataField("VirtuelleTabellen.
                                   Energien.Id");
label3.setText("Schaltung");
textField2.setDataField("VirtuelleTabellen.Energien.Schaltung");
formattedTextField7.setName("formattedTextField7");
formattedTextField.setTabIndex(12);
```

```
cmdReset.setText("Zurücksetzen");
cmdSave.setTabIndex(15);
cmdSave.setText("Speichern");
cmdSaveAndNew.setTabIndex(16);
cmdSearch.setTabIndex(17);
button.setTabIndex(18);
table.setTabIndex(1);
table.setModel(Energien.VT,"*",true);
```

Listing 3.9 Kapselung in Bezug auf die set-Methoden

3.6.3 Überlagerung bei der objektorientierten Programmierung

Dem Listing 3.10 ist die Definition der inneren Klasse *Beginn* innerhalb ihrer Methoden zu entnehmen. Deshalb sind andere Methoden der abgeleiteten inneren Klasse *Beginn* zu ihren entsprechenden Objekten mit dem Punktoperator aufgerufen. Zum Beispiel erläutern Methoden aus dem Listing 3.10 die Eigenschaft der Objekte. Dank des Prinzips der Polymorphie oder Überlagerung bei der objektorientierten Programmierung wurden die Methoden der abgeleiteten inneren Klasse *Beginn* aus dem Listing 3.10 mit denselben Namen wie in der Basisklasse *XdevWindow* überschrieben.

```
{
formattedTextField.saveState();
container.add(button);
formular2.add(formattedTextField2,new GBC(2,1,1,1,1.0,0.0,GBC.
     BASELINE_LEADING,GBC.HORIZONTAL,new Insets(3,3,3,3),0,0));
formular2.setLayout(new GridBagLayout());
.....
JScrollPane table_carrier = new XScrollPane(table,XScrollPane.
VERTICAL_SCROLLBAR_AS_NEEDED,XScrollPane.HORIZONTAL_SCROLLBAR_
                                                 AS_NEEDED);
table_carrier.setBounds(46,9,574,206);
formular.add(table_carrier);
formular.setBounds(45,-3,746,736);
this.add(formular);
}
```

Listing 3.10 Aufruf der Objekte mit dem Punktoperator

3.6.4 Einsatz von innerer anonymer Klasse für GUI-Anwendung

Die Parameter der Methoden des Codeabschnittes aus den Listings 3.6 bis 3.10 sind in Klammern mit angegeben. Hierbei hilft der *new*-Operator beim Erzeugen der Objekte der Referenztypen mit.

Die abgeleitete Klasse *Beginn* wurde als innere anonyme Klasse zur Ereignisbehandlung für GUI-Anwendung eingesetzt. Weil der Einsatz der inneren anonymen Klasse *Beginn* auf Verwendung von Schnittstellen basiert, ist festzustellen, dass die innere anonyme Klasse *Beginn* aus den Listings 3.6 und 3.10 existierende Interfaces erweitert. Den Listings 3.6, 3.7, 3.8, 3.9 und 3.10 ist die wichtigste Anwendung der anonymen Klasse bei der Definition von *Listenern* für grafische Oberflächen zu entnehmen.

3.7 Überblick über Anordnen von Komponenten in Dialogelementen mit Hilfe von Layout-Manager

3.7.1 Das Erzeugen des Fensters mit Hilfe von GUI-Dialogelementen

Das Erzeugen des Fensters *Beginn* aus den Listings 3.1a, m, n und 3.10 wurde mit Hilfe von GUI-Dialogelementen d. h. *Layout-Manager z. B. FlowLayout, GridLayout, GridBagLayout, GridBagConstraints* und *ScrollPanelLayout* realisiert.

Das Listing 3.11 gibt einen Überblick über Import von Layout-Managern. Diese Layout-Manager sind in Swing verwendet.

```
import java.awt.FlowLayout
import java.awt.GridBagLayout
import javax.swing.JScrollPane
...
```

Listing 3.11 Import von Layout-Managern

Die Verwendung von *FlowLayout, GridLayout,* und *GridBagLayout* bei Containern und Formularen wird mit Hilfe der Methode *setLayout()* realisiert.

Das Listing 3.12 gibt eine kurze Übersicht über die Veränderung von zwei Layout-Managern bei *Container* und *Formular* während des Erstellens des Fensters *Beginn.*

Mit Hilfe der Methode container.setLayout(new FlowLayout(FlowLayout. *TRAILING*,**3**,**3**)) wird die Zuordnung des Layout-Managers *FlowLayout* zum Fenster *Beginn* realisiert. *FlowLayout* positioniert die Dialogelemente zeilenweise hintereinander.

Das Einfügen von Dialogelementen in das Fenster erfolgt mit Hilfe der Methode *add*.

```
container.setLayout(new FlowLayout(FlowLayout.TRAILING,3,3))
formular2.setLayout(new GridBagLayout())
```

Listing 3.12 Die Verwendung von *FlowLayout* und *GridBagLayout* bei Containern und Formularen

Die Verwendung von *FlowLayout, GridLayout,* und *GridBagLayout* bei Containern und Formularen wird mit Hilfe der Methode *setLayout()* realisiert.

3.7.2   Realisierung eines *GridBagLayouts*

Der Codeabschnitt aus dem Listing 3.13 illustriert das Zuordnen des *GridBagLayouts* zu dem Dialogfenster. Bei dem Codefragment des Listing 3.13 ist erkennbar, dass der *GridBaglayout-Manager* ein RasterLayout ohne Einschränkungen in Bezug auf die Zeilen- und Spaltengröße erzeugt. Die Realisierung eines *GridBag-Layouts* aus diesem Codefragment benötigt die Erzeugung eines Objekts (z. B. *formular2*) vom Typ *GridBagLayout* und die Verwendung dieses Objekts als Layout-Manager für die Container-Komponente. Anschließend folgt die Erzeugung eines Objekts (z. B. *label2*) vom Typ *GridBagConstraints* abgekürzt *GBC* zum Festlegen der Informationen für die Anordnung der Komponenten. Schließlich werden die Parameter (*grid*x und *grid*y, *grid*Width und *grid*height, *weight*x und *weight*y, *fill* und *anchor, insets)* des GridBagConstraints-Objekts festgelegt und mit *add* an den Container(*container*) übergeben.

```
container.add(button);
formular2.add(label2,new  GBC(1,1,1,1,0.0,0.0,GBC.BASELINE_
                LEADING,GBC.NONE,new Insets(3,3,3,3),0,0));
formular2.add(formattedTextField2,new formular2.add(container,new
GBC(1,12,2,1,1.0,0.0,GBC.CENTER,GBC.HORIZONTAL,new Insets
                                        (3,3,3,3),0,0))
```

Listing 3.13 Erzeugung eines Objekts (z. B. *formular2*) vom Typ *GridBagLayout*

3.8   Implementierung und Instanziierung der anonymen Klasse *Beginn* mit Hilfe der Lamda-Ausdrücke

3.8.1   Übergabe von Parametern eines *funktionalen Interface*

Mit Hilfe der sogenannten Lamda-Ausdrücke wird der Umgang mit der inneren anonymen Klasse *Beginn* aus dem Listing 3.14 deutlich vereinfacht. Ein Lamda-Ausdruck stellt die Übergabe von Parametern eines *funktionalen Interface* (z. B. *XdevWindow*) an eine anonyme Methode dar.

Der Codeabschnitt aus dem Listing 3.14 gibt einen Überblick über Codefragmente der anonymen Methoden bezüglich der Implementierung der abgeleiteten anonymen Klasse *Beginn*.

Beim Betrachten der Methoden aus dem Listing 2.1 ist zu erläutern, dass Lamda-Ausdrücke aus einer

Parameterliste und einem Methodenruf, die durch das Pfeilsymbol (->) miteinander verbunden werden, bestehen.

```
cmdNew.addActionListener(arg0 -> cmdNew_actionPerformed(arg0));
cmdReset.addActionListener(arg0 -> cmdReset_actionPerformed(arg0));
cmdSave.addActionListener(arg0 -> cmdSave_actionPerformed(arg0));
cmdSaveAndNew.addActionListener(arg0 -> cmdSaveAndNew_
                                 actionPerformed(arg0));
cmdSearch.addActionListener(arg0 -> cmdSearch_action-
                                 Performed(arg0));
button.addActionListener(arg0 -> button_actionPerformed(arg0));
```

Listing 3.14 Lamda-Ausdrücke

3.8.2   Implementieren funktionaler Schnittstellen mit Hilfe von Lamda-Ausdrücken

Beim Analysieren des Codefragments aus dem Listing 3.13 ist wesentlich, dass für eine Schaltfläche z. B. XdevButton(cmdNew, cmdReset, cmdSave, *button*) ein *ActionListener* registriert werden muss, der beim Klick auf den Button ausgeführt wird.

Die Klasse *Beginn* aus dem Listing 3.13 wird zum Implementieren des Interface *XdevWindow* und seiner Methoden (z. B. *cmdNew_actionPerformed(arg0)* oder *button_actionPerformed(arg0)*) instanziiert. Anschließend übergibt diese anonyme Klasse Instanzen davon an *addActionListener()* zur Registrierung bei dem Button.

Der vorherige Codeabschnitt mit optional abstrakten Methoden zeigt, wie die funktionale Schnittstelle *XdevWindow* abstrakte Methoden (z. B. cmdSave.addActionListener(arg0 -> cmdSave_actionPerformed(arg0)) oder cmdSearch.addActionListener(arg0 -> cmdSearch_actionPerformed(arg0))) definiert. Es ist auch zu erläutern, dass die Schnittstelle *XdevWindow* funktional ist, weil sie nur diese Methoden ohne Implementierung hat. Hierbei werden die Lambda-Ausdrücke zum Implementieren solcher funktionalen Schnittstellen wie *XdevWindow* mit Hilfe der oben abstrakten Methoden definiert.

3.9   Zusammenfassung

Die mit XDEV 4 erstellten Oberflächen basieren auf Java Swing. Swing ist eine Grafikbibliothek zum Programmieren von grafischen Oberflächen und gilt seit der Einführung im Jahre 1998 als De-facto-Standard für die GUI-Entwicklung in Java. Swing baut auf dem Vorgänger AWT (Abstract Window Toolkit) auf. Swing ist modular aufgebaut und gut erweiterbar, gilt als ausgereift und eignet sich daher sehr gut für die Entwicklung komplexer Benutzeroberflächen (Daum 2007).

Der komplette GUI-Code wurde beim Designen automatisch generiert. Das Ereignis *actionPerformed* wird bei einer Aktion ausgelöst, die je nach Komponente unterschiedlich sein kann. Die meisten Funktionen einer grafischen Oberfläche werden erst dann ausgeführt, wenn ein bestimmtes Ereignis auf der Oberfläche ausgelöst wird. Die Methode *actionPerformed()* stellt die Implementierung der Schnittstelle *ActionListener* in Bezug auf Klickereignis von Schaltflächen (z. B. Maus) dar.

XDEV 4 GUI-Komponenten wurden zum Implementieren der Schnittstellen durch lokale Klassen verwendet und initialisiert. Die Definition der abgeleiteten Klasse *Beginn* (Fenster) entspricht einer nichtstatischen inneren Klasse: das ist eine Klasse in einer Klasse (*XdevWindow*). Dabei wurde innerhalb der Klasse *XdevWindow* die Klasse *Beginn* defini ert, die nur innerhalb von *XdevWindow* sichtbar ist.

Mit Hilfe der sogenannten Lamda-Ausdrücke wird der Umgang mit der inneren anonymen Klasse *Beginn* vereinfacht. Ein Lamda-Ausdruck stellt die Übergabe von Parametern eines *funktionalen Interface* (z. B. *XdevWindow*) an eine anonyme Methode dar.

Im diesem Kapitel wurde anhand einer Energiemanagement-Anwendung gezeigt, wie Sie bei der Entwicklung von Energietechnik-Anwendungen mit XDEV 4 vorgehen können. Das Kapitel fokussierte auf die Umsetzung von grafischen Oberflächen mit Java XDEV für die Energietechnik-Anwendungen.

Dieses Kapitel ist eine Anwendung der Informatik bezüglich der Programmierung von grafischen Oberflächen in der elektrischen Energietechnik.

Literatur

Daum, B.: Programmieren mit der Java Standard Edition, Java 6, S. 1–475. Addison-Wesley Verlag, Boston (2007)

Krüger, G., Hansen, H.: Java Programmierung, das Handbuch zu Java 8, S. 1–1079. O'Reilly Verlag, Köln (2014)

Louis, D., Müller, P.: Aktuell zu Java 8, Handbook, S. 1–938. O'Reilly Verlag, Köln (2014)

Entwicklung von Asynchronmotoren-Anwendungen mit Hilfe von MySQL-Datenbank

4

Anwendung der Energietechnik-Informatik in der Asynchronmaschine

IT-Lösungen auf Basis von Java XDEV 4 für Einsparpotenziale bei elektrischen Energieverbrauchern stellen den Begriff „Energietechnik-Informatik" in Bezug auf die IT dar.

Das Ziel der IT-Lösungen mit der Datenbank MySQL in Bezug auf Antriebstechnik ist es, den elektrischen Energiebedarf zu senken und die Stromkosten zu reduzieren.

Das Kapitel fokussiert auf den Schnittpunkt von IT und Energieeffizienz in Bezug auf den Asynchronmotor. Es zeigt, wie Anwendungen auf Basis vom Framework Java XDEV 4 entwickelt werden, welche das Erkennen und Umsetzen der Einsparpotenziale bei Asynchronmaschinen ermöglichen.

Die IT-Lösungen beinhalten den Layout-Manager, die Formulare, die Master-Detailgeneratoren, das Look and Feel zur Oberflächen-Änderung, das Daten-Berechnen, -Auswerten, und -Analysieren.

Das Kapitel gibt einen Überblick über Datenmodell, Aufsatz von MySQL mit Xampp, Datenbankanbindung, Data Binding, ER-Diagramm, Administrations-Frontend Umsetzung der Anwendung und automatisierte Joins.

Mit Hilfe der MySQL-Datenbank werden Java-Anwendungen in Bezug auf die Energieeinsparpotenziale realisiert.

© Springer Fachmedien Wiesbaden GmbH 2018
E.A. Nyamsi, *Realisierung der Einsparpotentiale bei elektrischen Energieverbrauchern*, https://doi.org/10.1007/978-3-658-14715-0_4

4.1   Entwicklung von grafischen Oberflächen in Java

4.1.1   Tools für die Entwicklung

Java XDEV 4 Framework bietet den Anwendern eine Vielzahl an RAD-Funktionen, welche die Entwicklung von Java Anwendungen ermöglichen. Die Struktur der XDEV 4 Umgebung ist eine konventionelle Java-Entwicklungsumgebung wie Eclipse, bestehend aus Java Code Editor, Debugger und Java Compiler. XDEV 4 stellt ein Toolset für Rapid Application Development (RAD) zur Verfügung, d. h. eine Art Werkzeugkasten für schnelle Anwendungsentwicklung (http://cms. xdev-software.de/xdevdoku/HTML/). Damit wird die Entwicklung von grafischen Oberflächen in Java bezüglich der Energiemanagement-Anwendungen für Einsparpotenzial des Asynchronmotors (siehe Abb. 4.1) realisiert.

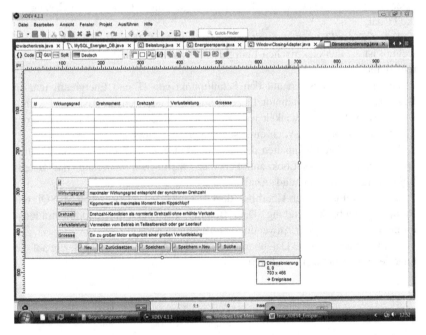

Abb. 4.1   Entwicklung von grafischen Oberflächen für das Energiemanagement des Asynchronmotors

4.1.2   Toolset von Java XDEV 4 Framework

Das Toolset umfasst einen GUI-Builder (siehe Abb. 4.1 und 4.2), mit dem sich grafische Oberflächen wie mit einem Grafikprogramm designen lassen, einen Tabellenassistenten zur Erstellung von Datenbanktabellen (s. Abb. 4.2), einen ER-Diagramm-Editor (s. Abb. 4.3) zur Definition des Datenmodells, einen Query-Assistenten, mit dem sich Datenbankabfragen erstellen lassen, ein Application Framework, das unter anderem Datenbankzugriffe und die Datenausgabe auf der Oberfläche extrem vereinfacht und zum Teil sogar automatisiert und Datenbankschnittstellen für alle wichtigen Datenbanken, welche die Umsetzung datenbankunabhängiger Anwendungen ermöglichen.

Der GUI-Builder funktioniert wie ein Grafikprogramm. Jede Oberfläche lässt sich umsetzen. Mit dem Menüassistenten sind Menüleisten und Kontextmenüs konstruiert. Java Swing stellt eine Vielzahl an GUI-Komponenten zur Verfügung. Mit der XDEV-Plattform lassen sich Weboberflächen per Drag-and-drop designen und mit Datenbanken verbinden (s. Abb. 4.2).

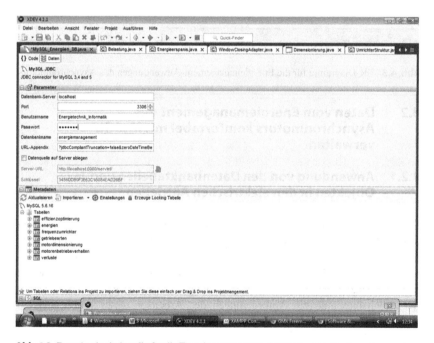

Abb. 4.2 Datenbankschnittstelle für die Energiemanagement-Anwendungen des Asynchronmotors

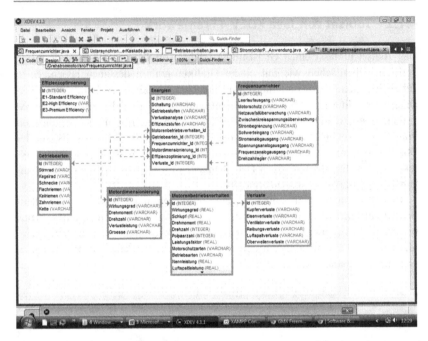

Abb. 4.3 ER-Diagramm für die Energiemanagement-Anwendungen des Asynchronmotors

4.2 Daten vom Energiemanagement des Asynchronmotors komfortabel mit MySQL verwalten

4.2.1 Anwendung von den Datenbanktabellen und Java-Objekten in den elektrischen Antrieben

Die Erzeugung mechanischer Energie ist die Hauptanwendung für elektrischen Strom. Bei den Überlegungen zu möglichen Einsparpotenzialen ist der Bereich der elektrischen Antriebe deshalb von überragender Bedeutung (http://cms.xdev-software.de/xdevdoku/HTML/). Eine elektrische Maschine (z. B. Asynchronmotor) tauscht mechanische Energie mit einer angekoppelten Arbeitsmaschine aus. Damit die Arbeitsmaschine die Anforderungen des Arbeitsprozesses erfüllt, müssen vorgegebene mechanische Größen, wie z. B. Drehmoment- und Drehzahlwerte realisiert werden (Teigelkötter 2013).

Dieser Abschnitt fokussiert auf Anwendung von den Datenbanktabellen und Java-Objekten in den elektrischen Antrieben. Dieser Abschnitt gibt einen Überblick über MySQL, das ein relationales Datenbankmanagement (RDBMS) darstellt (Maurice 2012). Dieser Überblick bezieht sich auf den Begriff „Energietechnik-Informatik", der auf die Schnittstelle von IT und Energietechnik fokussiert.

4.2.2   Entwicklung von Asynchronmotoren-Anwendungen mit MySQL

Der Fokus der Entwicklung von Asynchronmotoren-Anwendungen liegt auf dem Datenmodell in Bezug auf Aufsetzen von MySQL mit Xampp. Letzteres ist ein freies Software-Bundle bestehend aus Web- und FTP-Server, MySQL, Apache sowie weiteren Komponenten. Abb. 4.4 gibt einen Überblick über die Steuerung des freien Software-Bundles über das Control Panel.

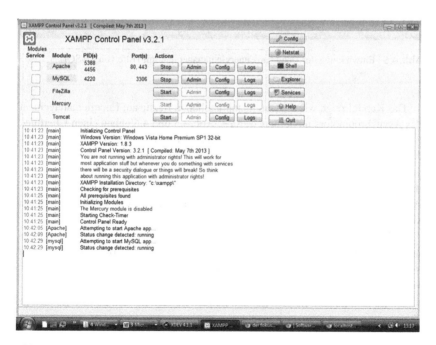

Abb. 4.4   Xampp Control Panel für MySQL

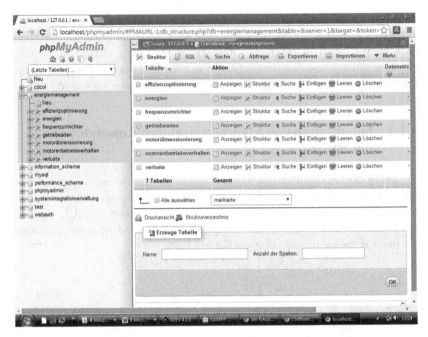

Abb. 4.5 Entwicklung der Datenbank energiemanagement mit Hilfe von MySQL

Das Kapitel zeigt, wie die Datenbanktabellen in Bezug auf Energiemanagement des Asynchronmotors modelliert werden. Abb. 4.5 und 4.6 geben einen Überblick über die Gestaltung der Datenbank *„energiemanagement"* mit Hilfe von MySQL-Xampp.

MySQL basiert auf der Datenbanksprache SQL (Standard Query Language), die bestimmte Befehle zur Verwaltung der Datenbank zu Verfügung stellt: zum Anlegen einer Datenbank, zum Erstellen der benötigen Tabellen und zum Ändern von Tabellen (siehe Abb. 4.6 und 4.7).

Abb. 4.7 gibt einen Überblick über das Betriebsverhalten des Asynchronmotors bezüglich der effizienten Dimensionierung des Motors. Die Betriebskenngrößen wie Wirkungsgrad, Drehmoment, Drehzahl und Verlustleistung werden mit Hilfe von MySQL analysiert.

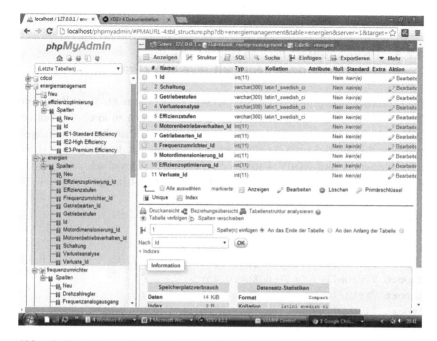

Abb. 4.6 Verwalten von Daten in Bezug auf die Datenbank *energiemanagement* mit MySQL

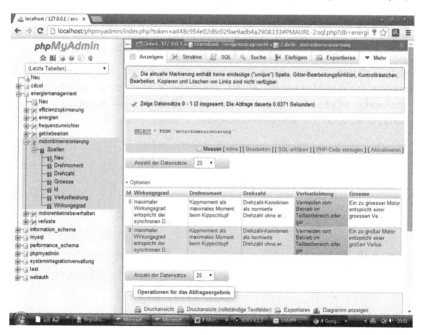

Abb. 4.7 Datenbanktabelle Motordimensionierung auf der Oberfläche von MySQLXamp

4.2.3 Programmierung von Datenbank „energiemanagement" mit Java XDEV Framework

Ein Datenbankmanagementsystem wie MySQL braucht man zur Verwaltung von Daten, das heißt, um sie zu speichern, zu ändern oder auch zu löschen (Maurice 2012; Schicker 2014). MySQL besteht einerseits aus dem Datenbankverwaltungssystem und andererseits aus der eigentlichen Datenbank mit den Daten. Mit Hilfe des Frameworks Java XDEV 4 stehen die Tabellen der Datenbank „energiemanagement" in Relation zueinander (s. Abb. 4.3 und Listing 4.1a–h).

```
import xdev.lang.StaticInstanceSupport;
import xdev.vt.Cardinality;
import xdev.vt.EntityRelationshipModel;
import VirtuelleTabellen.Effizienzoptimierung;
import VirtuelleTabellen.Energien;
import VirtuelleTabellen.Frequenzumrichter;
import VirtuelleTabellen.Getriebearten;
import VirtuelleTabellen.Motordimensionierung;
import VirtuelleTabellen.Motorenbetriebsverhalten;
import VirtuelleTabellen.Verluste
```

Listing 4.1a Imports von virtuellen Tabellen, statischer Xdev-Klasse und Xdev-ER-Diagramm

```
public class ER_energiemanagement
extends EntityRelationshipModel implements StaticInstanceSupport {
  private static ER_energiemanagement instance = null;
  public static ER_energiemanagement getInstance()
  {
    if(instance == null)
    {
      instance = new ER_energiemanagement();
    }
    return instance;
  }
}
```

Listing 4.1b Implementierung der statischen Klasse StaticInstanceSupport in der Klasse ER_energiemanagement

```
{
    add(Getriebearten.class.getName(),new  String[]{Getriebearten.
    Id.getName()},Cardinality.ONE,Energien.class.getName(),new
    String[]{Energien.Getriebearten_Id.getName()},Cardinality.ONE);
    add(Motordimensionierung.class.getName(),new  String[]{Motor
    dimensionierung.Id.getName()},Cardinality.ONE,Energien.
    class.getName(),new String[]{Energien.Motordimensionie-
                        rung_Id.getName()},Cardinality.ONE);
    add(Motorenbetriebsverhalten.class.getName(),new String[]
    {Motorenbetriebsverhalten.Id.getName()},Cardinality.
    ONE,Energien.class.getName(),new String[]{Energien.Motoren-
    betriebsverhalten_Id.getName()},Cardinality.ONE);
    add(Effizienzoptimierung.class.getName(),new  String[]{Effi-
    zienzoptimierung.Id.getName()},Cardinality.ONE,Energien.
    class.getName(),new String[]{Energien.Effizienzoptimierung_
                        Id.getName()},Cardinality.ONE);
    add(Verluste.class.getName(),new String[]{Verluste.Id.get-
    Name()},Cardinality.ONE,Energien.class.getName(),new
    String[]{Energien.Verluste_Id.getName()},Cardinality.ONE);
    add(Frequenzumrichter.class.getName(),new  String[]{Frequen
    zumrichter.Id.getName()},Cardinality.ONE,Energien.class.
    getName(),new String[]{Energien.Frequenzumrichter_Id.get
                        Name()},Cardinality.ONE);
    }
}
```

Listing 4.1c ER-Diagramm als Klasse *ER_energiemanagement*

4.3   ER-Diagramm für die Energiemanagement–Anwendungen des Asynchronmotors

4.3.1   Visualisierung des Datenmodells mit Hilfe des ER-Diagramms

Um die von XDEV 4 zur Verfügung gestellten RAD-Features nutzen zu können, z. B. automatisierte Joins, Master-Detail, Tree- und Query-Assistent, müssen die Relationen zwischen den Tabellen bekannt sein. Um die Relationen definieren zu können, bietet XDEV 4 einen ER-Diagramm Designer. Die Relationen wurden in der Datenbank „*energiemanagement*" definiert und importiert. XDEV 4 hat das ER-Diagramm automatisch generiert. Listing 4.2 und die Abb. 4.3 geben einen Überblick über ER-Diagramm.

```
public static ER_energiemanagement getInstance()
{
  if(instance == null)
  {
    instance = new ER_energiemanagement();
  }
  return instance;
}
```

Listing 4.3 Aufruf der statischen Methode für die Datenbank *energiemanagement*

ER_*energiemanagement* wurde zur Visualisierung des Datenmodells entwickelt. Die Abb. 4.3 zeigt deutlich die Visualisierung des Datenmodells der Datenbank „*energiemanagement*".

Die Verbindung zu einer Datenbank erfolgt über spezielle Datenbankschnittstellen, die XDEV 4 zur Verfügung stellt. Die XDEV 4 Schnittstellen basieren auf JDBC, erweitern jedoch die von den Datenbankherstellern zur Verfügung gestellten JDBC-Treiber um zahlreiche wichtige Funktionen.

Die Datenbank „energiemanagement" enthält sieben Tabellen, welche sich auf Einsparpotenziale im Bereich der elektrischen Antriebssysteme beziehen: *effizienzoptimierung, energien, frequenzumrichter, getriebearten, motordimensionierung, motorbetriebsverhalten* und *verluste*.

4.3.2   Anwendung von statischer Methode in dem ER-Diagramm

Die Abb. 4.3 zeigt die Verbindung zwischen der Tabelle *energien* und jeder der sechs Tabellen: Das ist ein relationales Diagramm in Bezug auf die Kardinalität. Beim Listing 4.3 ist festzustellen, dass es sich um eine nicht dynamische Methode handelt, da die Methode *ER_energiemanagement* getInstance() der abgeleiteten Klasse *ER_energiemanagement* mit dem Attribut *static* definiert wurde.

Außerdem wurde die statische Variable *ER_energiemanagement instance* der oben genannten Klasse mit dem Typ *private* deklariert. Diese Variable ist doch in der genannten Klasse sichtbar. Ebenfalls ist diese entsprechende Methode in der Klasse sichtbar. Bei dem Listing 4.3 ist festzustellen, dass während der Instanziierung der Klasse *ER_energiemanagement* der *statische Initialisierer* (public static ER_energiemanagement *getInstance*()) mit dem Operator *new* aufgerufen wurde. In dieser Methode wurde das Objekt *instance* aufgerufen. Ebenfalls liefert diese Methode *instance* als Rückgabewert. Außerdem zeigt das Listing 3.1, dass die statische Variable *ER_energiemanagement instance* nur einmal angelegt und von der statischen

Methode ER_energiemanagement *getInstance*() aufgerufen wurde. Es ist erkennbar, dass beim Listing 4.3 ein *statischer Initialisierer* zur Initialisierung von statischen Variablen (z. B. ER_energiemanagement *instance*) definiert wurde. Dieser *statische Initialisierer* wurde mit dem Namen *static* definiert. Außerdem erfolgt sein Aufruf nur einmal, wenn die abgeleitete Klasse *ER_energiemanagement* geladen wird.

4.4 Datenmodell der Datenbank „energiemanagement"

Mit Hilfe des GUI-Prototyps wurden das Projekt „Asynchronmotormanagement" und ein neues Fenster „Beginn" über das Menü Datei von XDEV 4 angelegt. Danach wurden sieben Comboboxen in das XdevFomular der Arbeitsfläche eingefügt. Jede Combobox entspricht einer Datenbanktabelle. Das Projekt des Artikels enthält die Datenbank *„energiemanagement"*. Als Beispiel für die Tabelle *motordimensionierung* wurde die Combobox *motordimensionierung* mit den Feldern Id, *Wirkungsgrad, Drehmoment, Drehzahl, Verlustleistung* und *Groesse* benötigt. Listings 4.4a–d und Abb. 4.7 zeigen die Entwicklung des Datenmodells in dem Bezug auf die Datenbanktabelle *Motordimensionierung*.

```
package VirtuelleTabellen;
import xdev.db.DataType;
import xdev.lang.StaticInstanceSupport;
import xdev.ui.text.TextFormat;
import xdev.vt.VirtualTable;
import xdev.vt.VirtualTableColumn;
import java.util.Locale;
import Datenquellen.MySQL_Energien_DB;
```

Listing 4.4a Import von Xdev-Interface, virtuellen Tabellen, MySQL-Anwendungen und Java Utilities

```
public class Motordimensionierung extends VirtualTable implements
                                        StaticInstanceSupport {
    public final static VirtualTableColumn<Integer> Id;
    public final static VirtualTableColumn<String> Wirkungsgrad;
    public final static VirtualTableColumn<String> Drehmoment;
    public final static VirtualTableColumn<String> Drehzahl;
    public final static VirtualTableColumn<String> Verlustleistung;
    public final static VirtualTableColumn<String> Groesse;
```

Listing 4.4b Implementierung des Interface in der Klasse Motordimensionierung

```
static
 {
  Id = new VirtualTableColumn<Integer>("Id");
  Id.setType(DataType.INTEGER);
  Id.setNullable(false);
  Id.setDefaultValue(0);
  Id.setPreferredWidth(100);
  Id.setTextFormat(TextFormat.getNumberInstance(Locale.get-
                        Default(),null,0,0,false,false));
  Wirkungsgrad = new VirtualTableColumn<String>("Wirkungsgrad");
  Wirkungsgrad.setType(DataType.VARCHAR,100);
  Wirkungsgrad.setNullable(false);
  Wirkungsgrad.setDefaultValue("");
  Wirkungsgrad.setPreferredWidth(100);
  Wirkungsgrad.setTextFormat(TextFormat.getPlainInstance());
  Drehmoment = new VirtualTableColumn<String>("Drehmoment");
  Drehmoment.setType(DataType.VARCHAR,100);
  Drehmoment.setNullable(false);
  Drehmoment.setDefaultValue("");
  Drehmoment.setPreferredWidth(100);
  Drehmoment.setTextFormat(TextFormat.getPlainInstance());
  Drehzahl = new VirtualTableColumn<String>("Drehzahl");
  Drehzahl.setType(DataType.VARCHAR,100);
  Drehzahl.setNullable(false);
  Drehzahl.setDefaultValue("");
  Drehzahl.setPreferredWidth(100);
  Drehzahl.setTextFormat(TextFormat.getPlainInstance());
  Verlustleistung = new VirtualTableColumn<String>("Verlustleistung");
  Verlustleistung.setType(DataType.VARCHAR,100);
  Verlustleistung.setNullable(false);
  Verlustleistung.setDefaultValue("");
  Verlustleistung.setPreferredWidth(100);
  Verlustleistung.setTextFormat(TextFormat.getPlainInstance());
  Groesse = new VirtualTableColumn<String>("Groesse");
  Groesse.setType(DataType.VARCHAR,100);
  Groesse.setNullable(false);
  Groesse.setDefaultValue("");
```

```
Groesse.setPreferredWidth(100);
Groesse.setTextFormat(TextFormat.getPlainInstance());
}
```

Listing 4.4c Statische Initialisierer für das Betriebsverhalten des Asynchronmotors für die Datenbank *Motordimensionierung*

```
public Motordimensionierung()
{
  super(Motordimensionierung.class.getName(),null,"motordimen-
  sionierung",Id,Wirkungsgrad, Drehmoment,Drehzahl,Verlust-
                                          leistung,Groesse);
  setDataSource(MySQL_Energien_DB.DB);
  setPrimaryColumn(Wirkungsgrad);
}
public final static Motordimensionierung VT = new Motordimen-
                                          sionierung();
public static Motordimensionierung getInstance()
{
  return VT;
}
}
```

Listing 4.4d Statische Methode für die Dimensionierung des Asynchronmotors

4.5 IT-Lösungen für energieeffiziente Optimierung des Asynchronmotors

4.5.1 Energieeffizienter Asynchronmotor

Gemäß DIN EN 60034-30 (Hagmann 2009) werden für Asynchronmotoren mit Nennleistungen von 0,75 bis 375 kW Effizienzklassen festgelegt:

- IE1 Standard-Wirkungsgrad
- IE2 hoch-Wirkungsgrad
- IE3 Premium-Wirkungsgrad
- IE4 Super Premium-Wirkungsgrad (seit Januar 2015)

IE ist die Abkürzung für den englischen Begriff „International Efficiency". Das Ziel der Einführung der vierten Effizienzklasse IE4 ist es, die Verluste gegenüber

IE3 um etwa 15 % zu reduzieren. Realistisch betrachtet wären die Grenzwerte vom Super Premium-Wirkungsgrad nicht mehr mit Asynchronmotoren rentabel.

Listing 4.5a erläutert, bezüglich der Implementierung des statischen Interface *StaticInstanceSupport* in der Klasse *Effizienzoptimierung* im Hinblick auf Effizienzklassen für den Asynchronmotor, die Einführung dieser Effizienzklassen.

```
public class Effizienzoptimierung extends VirtualTable implements
                                       StaticInstanceSupport {
Id = new VirtualTableColumn<Integer> ("Id");
IE1_Standard_Efficiency = new VirtualTableColumn<String>
                                 ("IE1-Standard Efficiency");
Efficiency"); IE2_High_Efficiency = new VirtualTableColumn<String>
                                     ("IE2-High Efficiency");
IE3_Premium_Efficiency = new VirtualTableColumn<String>("IE3-
                                     Premium Efficiency");
Id.setType(DataType.INTEGER);
IE1_Standard_Efficiency.setType (DataType.VARCHAR, 200);
IE3_Premium_Efficiency.setType (DataType.VARCHAR, 200);
IE3_Premium_Efficiency.setType (DataType.VARCHA, 200);
}
```

Listing 4.5a Klasse *Effizienzoptimierung* im Hinblick auf energieeffizienzten Asynchronmotor

4.5.2 Virtuelle Tabelle des Frameworks Java XDEV 4 für den energieeffizienten Asynchronmotor

Eine virtuelle Tabelle ist einfach ausgedrückt eine Kopie einer Datenbanktabelle auf dem Client und bildet das Verbindungsstück (Databinding) zwischen grafischer Oberfläche und Datenbank (http://cms.xdev-software.de/xdevdoku/HTML/). Mit virtuellen Tabellen wird die Verarbeitung von Abfrageergebnissen sowie die Ausgabe sämtlicher Daten auf der Oberfläche vollständig automatisiert.

Das Projekt aus den Listings 4.1a–c enthält sieben virtuelle Tabellen, welche in die Klasse ER_energiemanagement importiert wurden (Listing 4.1a). Die virtuellen Tabellen aus den Listings 4.1a–c sind eben die Datenbanktabellen. Listing 4.5b zeigt den Code zur Realisierung der Datenbankzugriffe mit Hilfe des ER-Diagramms in Bezug auf die virtuelle Tabelle *Effizienzoptimierung*. Hier wurden statt Datenbanken die virtuellen Tabellen abgebildet. Die Kardinalität stellt die Verbindung (Relation) zwischen zwei virtuellen Tabellen (Datenbanktabellen) mit Hilfe des Felds *Id* dar.

add(Effizienzoptimierung.**class**.getName(),**new** String[]{Effizi-
enzoptimierung.*Id*.getName()},Cardinality.*ONE*,Energien.**class**.
getName(),**new** String[]{Energien.*Effizienzoptimierung_Id*.
getName()},Cardinality.*ONE*);

Listing 4.5b Relation zwischen den Datenbanken *Effizienzoptimierung* und *Energien*

4.6   Zugriff auf Datenbanktabelle mit Hilfe objektorientierter Programmierung:

4.6.1   Schnittstelle von IT und Energieeffizienz mit Hilfe der objektorientierten Programmierung

In der objektorientierten Programmierung stehen Objekte und Klasse in Beziehung zueinander (Krüger und Hansen 2014; Louis und Müller 2014; Daum 2007). Abb. 4.8 und Listings 4.6a–e geben zum einen Überblick über die Vererbung, Klassendefini-tion, Überlagern von Methoden, virtuelle Tabellen (*VirtualTable*) und Interface (*StaticInstanceSupport*) und zum anderen über Polymorphismus. Dies bezeichnet

Abb. 4.8 Struktur der Tabelle Energien der Datenbank „energiemanagement" im Hinblick auf sieben virtuelle Tabellen

man als Verwendungs- und Aufrufbeziehungen. Sowohl beim Listing 4.5a als auch bei Listings 4.6a–d ist zu bemerken, dass die Klassen *Effizienzoptimierung* und *Energien* typisierte Klassen sind. Diese wurden von der Klasse VirtualTable abgeleitet, welche die Klasse *StaticInstanceSupport* implementiert. Damit zeigen Listing 4.5a und Listings 4.6a–d, wie das Interface *StaticInstanceSupport* implementiert wird. Listing 4.5a und Listings 4.6a–d zeigen die Definition der Variablen der Type der generischen Klasse *VirtualTableColumn* mit 2 Typparametern (Integer und String), die in spitzen Klammern angegeben werden. Dadurch wird dem Compiler mitgeteilt, dass *VirtualTableColumn* ausschließlich Integer- bzw. String-Objekte aufnehmen kann. Bei dem Zugriff auf *VirtualTableColumn*-Elemente mit Hilfe der Methode *set* konvertieren sie automatisch in ein *Integer* bzw. ein *String*. Die Objekterzeugung bei der Klasse *Effizienzoptimierung* geschieht mittels des *new*-Operators.

```java
import xdev.ui.text.TextFormat;
import xdev.vt.Cardinality;
import xdev.vt.EntityRelationship;
import xdev.vt.TableColumnLink;
import xdev.vt.VirtualTable;
import xdev.vt.VirtualTableColumn;
import java.util.Locale;
import Datenquellen.MySQL_Energien_DB;
public class Energien extends VirtualTable implements Static-
                                  InstanceSupport {
    public final static VirtualTableColumn<Integer> Id;
    public final static VirtualTableColumn<String> Schaltung;
    public final static VirtualTableColumn<String> Getriebestufen;
    public final static VirtualTableColumn<String> Verlusteanalyse;
    public final static VirtualTableColumn<String> Effizienzstufen;
    public final static VirtualTableColumn<Integer> Motorenbe-
                                  triebsverhalten_Id;
    public final static VirtualTableColumn<String> motorenbe-
                                  triebsverhalten_Motorschutzarten;
    public final static VirtualTableColumn<Integer> Getriebearten_Id;
    public final static VirtualTableColumn<String> getriebearten_Stirnrad;
    public final static VirtualTableColumn<Integer> Frequenzumrichter_Id;
    public final static VirtualTableColumn<String> frequenzumrichter_
                                  Leerlaufausgang;
    public final static VirtualTableColumn<Integer> Motordimensio-
                                  nierung_Id;
```

```
public final static VirtualTableColumn<String> motordimensio-
                                    nierung_Wirkungsgrad;
public final static VirtualTableColumn<Integer> Effizienzopti-
                                    mierung_Id;
public final static VirtualTableColumn<String>effizienzopti-
                                    mierung_IE1_Standard_Efficiency;
public final static VirtualTableColumn<Integer> Verluste_Id;
public final static VirtualTableColumn<String> verluste_
                                    Kupferverluste;
```

Listing 4.6a Ableiten der Klasse *VirtualTable* und Implementierung des Interface *StaticInstanceSupport* in der Klasse Energien

```
static
{
    Id = new VirtualTableColumn<Integer>("Id");
    Id.setType(DataType.INTEGER);
    Id.setNullable(false);
    Id.setDefaultValue(0);
    Id.setPreferredWidth(100);
    Id.setTextFormat(TextFormat.getNumberInstance(Locale.get-
                                    Default(),null,0,0,false,false));
    Schaltung = new VirtualTableColumn<String>("Schaltung");
    Schaltung.setType(DataType.VARCHAR,300);
    Schaltung.setNullable(false);
    Schaltung.setDefaultValue("");
    Schaltung.setPreferredWidth(100);
    Schaltung.setTextFormat(TextFormat.getPlainInstance());
    Getriebestufen = new VirtualTableColumn<String>("Getriebestufen");
    Getriebestufen.setType(DataType.VARCHAR,300);
    Getriebestufen.setNullable(false);
    Getriebestufen.setDefaultValue("");
    Getriebestufen.setPreferredWidth(100);
    Getriebestufen.setTextFormat(TextFormat.getPlainInstance());
    Verlusteanalyse = new VirtualTableColumn<String>("Verlusteanalyse");
    Verlusteanalyse.setType(DataType.VARCHAR,300);
    Verlusteanalyse.setNullable(false);
    Verlusteanalyse.setDefaultValue("");
    Verlusteanalyse.setPreferredWidth(100);
    Verlusteanalyse.setTextFormat(TextFormat.getPlainInstance());
```

Listing 4.6b Statische Initialisierer im Hinblick auf erste Schlüssel *Id*, Tabellen *Schaltung*, *Getriebestufen* und *Verlustanalyse*

```
Effizienzstufen = new VirtualTableColumn<String>("Effizienzstufen");
  Effizienzstufen.setType(DataType.VARCHAR,300);
  Effizienzstufen.setNullable(false);
  Effizienzstufen.setDefaultValue("");
  Effizienzstufen.setPreferredWidth(100);
  Effizienzstufen.setTextFormat(TextFormat.getPlainInstance());
  Motorenbetriebsverhalten_Id = new VirtualTableColumn<Integer>
                                ("Motorenbetriebsverhalten_Id");
  Motorenbetriebsverhalten_Id.setType(DataType.INTEGER);
  Motorenbetriebsverhalten_Id.setNullable(false);
  Motorenbetriebsverhalten_Id.setDefaultValue(0);
  Motorenbetriebsverhalten_Id.setVisible(false);
  Motorenbetriebsverhalten_Id.setPreferredWidth(100);
  Motorenbetriebsverhalten_Id.setTextFormat(TextFormat.get
    NumberInstance(Locale.getDefault(),null,0,0,false,false));
  motorenbetriebsverhalten_Motorschutzarten = new VirtualTable-
  Column<String>("motorenbetriebsverhalten_Motorschutzarten");
  motorenbetriebsverhalten_Motorschutzarten.setType(DataType.
                                            VARCHAR,100);
  motorenbetriebsverhalten_Motorschutzarten.setDefaultValue(null);
  motorenbetriebsverhalten_Motorschutzarten.setCaption("Motor-
                                            schutzarten");
  motorenbetriebsverhalten_Motorschutzarten.setPreferredWidth(100);
  motorenbetriebsverhalten_Motorschutzarten.setTextFormat(Text
                                Format.getPlainInstance());
  Getriebearten_Id = new VirtualTableColumn<Integer>("Getrie-
                                            bearten_Id");
  Getriebearten_Id.setType(DataType.INTEGER);
  Getriebearten_Id.setNullable(false);
  Getriebearten_Id.setDefaultValue(0);
  Getriebearten_Id.setVisible(false);
  Getriebearten_Id.setPreferredWidth(100);
  Getriebearten_Id.setTextFormat(TextFormat.getNumberInstance
                (Locale.getDefault(),null,0,0,false,false));
  getriebearten_Stirnrad = new VirtualTableColumn<String>
                                ("getriebearten_Stirnrad");
  getriebearten_Stirnrad.setType(DataType.VARCHAR,100);
```

```
getriebearten_Stirnrad.setDefaultValue(null);
getriebearten_Stirnrad.setCaption("Stirnrad");
getriebearten_Stirnrad.setPreferredWidth(100);
getriebearten_Stirnrad.setTextFormat(TextFormat.get-
                                      PlainInstance());
```

Listing 4.6c Statische Initialisierer im Hinblick Tabellen auf *Effizienzstufe, Motorbetriebsverhalten* und *Getriebearten*

```
Frequenzumrichter_Id = new VirtualTableColumn<Integer>("Freq
                                       uenzumrichter_Id");
Frequenzumrichter_Id.setType(DataType.INTEGER);
Frequenzumrichter_Id.setNullable(false);
Frequenzumrichter_Id.setDefaultValue(0);
Frequenzumrichter_Id.setVisible(false);
Frequenzumrichter_Id.setPreferredWidth(100);
Frequenzumrichter_Id.setTextFormat(TextFormat.getNumber-
         Instance(Locale.getDefault(),null,0,0,false,false));
frequenzumrichter_Leerlaufausgang = new VirtualTableColumn
         <String>("frequenzumrichter_Leerlaufausgang");
frequenzumrichter_Leerlaufausgang.setType(DataType.VARCHAR,100);
frequenzumrichter_Leerlaufausgang.setDefaultValue(null);
frequenzumrichter_Leerlaufausgang.setCaption("Leerlaufausgang");
frequenzumrichter_Leerlaufausgang.setPreferredWidth(100);
frequenzumrichter_Leerlaufausgang.setTextFormat(TextFormat.
                                      getPlainInstance());
Motordimensionierung_Id = new VirtualTableColumn<Integer>
                            ("Motordimensionierung_Id");
Motordimensionierung_Id.setType(DataType.INTEGER);
Motordimensionierung_Id.setNullable(false);
Motordimensionierung_Id.setDefaultValue(0);
Motordimensionierung_Id.setVisible(false);
Motordimensionierung_Id.setPreferredWidth(100);
Motordimensionierung_Id.setTextFormat(TextFormat.getNumber-
         Instance(Locale.getDefault(),null,0,0,false,false));
motordimensionierung_Wirkungsgrad = new VirtualTableColumn
            <String>("motordimensionierung_Wirkungsgrad");
motordimensionierung_Wirkungsgrad.setType(DataType.VARCHAR,100);
```

```
motordimensionierung_Wirkungsgrad.setDefaultValue(null);
motordimensionierung_Wirkungsgrad.setCaption("Wirkungsgrad");
motordimensionierung_Wirkungsgrad.setPreferredWidth(100);
motordimensionierung_Wirkungsgrad.setTextFormat(TextFormat.
                                  getPlainInstance());
Effizienzoptimierung_Id = new VirtualTableColumn<Integer>-
                         ("Effizienzoptimierung_Id");
Effizienzoptimierung_Id.setType(DataType.INTEGER);
Effizienzoptimierung_Id.setNullable(false);
Effizienzoptimierung_Id.setDefaultValue(0);
Effizienzoptimierung_Id.setVisible(false);
Effizienzoptimierung_Id.setPreferredWidth(100);
Effizienzoptimierung_Id.setTextFormat(TextFormat.getNumber-
      Instance(Locale.getDefault(),null,0,0,false,false));
effizienzoptimierung_IE1_Standard_Efficiency = new VirtualTable-
   Column<String>("effizienzoptimierung_IE1-Standard Efficiency");
effizienzoptimierung_IE1_Standard_Efficiency.setType(DataType
                                  .VARCHAR,200);
effizienzoptimierung_IE1_Standard_Efficiency .setDefault-
                                  Value(null);
effizienzoptimierung_IE1_Standard_Efficiency.setCaption("IE1-
                                  Standard Efficiency");
effizienzoptimierung_IE1_Standard_Efficiency.setPreferred-
                                  Width(100);
effizienzoptimierung_IE1_Standard_Efficiency.setTextFormat(
                  TextFormat.getPlainInstance());
```

Listing 4.6d Statische Initialisierer im Hinblick auf Tabellen *Frequenzumrichter, Motordimensionierung* und *Effizienzoptimierung*

```
Verluste_Id = new VirtualTableColumn<Integer>("Verluste_Id");
   Verluste_Id.setType(DataType.INTEGER);
   Verluste_Id.setNullable(false);
   Verluste_Id.setDefaultValue(0);
   Verluste_Id.setVisible(false);
   Verluste_Id.setPreferredWidth(100);
   Verluste_Id.setTextFormat(TextFormat.getNumberInstance(Locale.
                        getDefault(),null,0,0,false,false));
   verluste_Kupferverluste = new VirtualTableColumn<String>
                           ("verluste_Kupferverluste");
```

```
verluste_Kupferverluste.setType(DataType.VARCHAR,150);
verluste_Kupferverluste.setDefaultValue(null);
verluste_Kupferverluste.setCaption("Kupferverluste");
verluste_Kupferverluste.setPreferredWidth(100);
verluste_Kupferverluste.setTextFormat(TextFormat.get-
                        PlainInstance());
motorenbetriebsverhalten_Motorschutzarten.setPersistent(false);
motorenbetriebsverhalten_Motorschutzarten.setTableColumn-
    Link(new TableColumnLink(Motorenbetriebsverhalten.class.
    getName(),Motorenbetriebsverhalten.Motorschutzarten.
    getName(),new EntityRelationship(Motorenbetriebsver-
    halten.class.getName(),new String[]{Motorenbetriebs-
    verhalten.Id.getName()},Cardinality.ONE,Energien.class.
    getName(),new String[]{Energien.Motorenbetriebsverhalten_
                        Id.getName()},Cardinality.ONE)));
getriebearten_Stirnrad.setPersistent(false);
getriebearten_Stirnrad.setTableColumnLink(new TableColumn-
    Link(Getriebearten.class.getName(),Getriebearten.Stirn-
    rad.getName(),new EntityRelationship(Getriebearten.class.
    getName(),new String[]{Getriebearten.Id.getName()},Car-
    dinality.ONE,Energien.class.getName(),new String[]
    {Energien.Getriebearten_Id.getName()},Cardinality.ONE)));
frequenzumrichter_Leerlaufausgang.setPersistent(false);
frequenzumrichter_Leerlaufausgang.setTableColumnLink(new
    TableColumnLink(Frequenzumrichter.class.getName(),Frequen
    zumrichter.Leerlaufausgang.getName(),new EntityRelationsh
    ip(Frequenzumrichter.class.getName(),new String[]{Frequen
    zumrichter.Id.getName()},Cardinality.ONE,Energien.class.
    getName(),new String[]{Energien.Frequenzumrichter_Id.get
                        Name()},Cardinality.ONE)));
motordimensionierung_Wirkungsgrad.setPersistent(false);
motordimensionierung_Wirkungsgrad.setTableColumnLink(new
    TableColumnLink(Motordimensionierung.class.getName(),Mot
    ordimensionierung.Wirkungsgrad.getName(),new EntityRelati
    onship(Motordimensionierung.class.getName(),new String[]
    {Motordimensionierung.Id.getName()},Cardinality.ONE,Ener-
    gien.class.getName(),new String[]{Energien.Motordimension
        ierung_Id.getName()},Cardinality.ONE)));
```

```
effizienzoptimierung_IE1_Standard_Efficiency.setPersistent(false);
effizienzoptimierung_IE1_Standard_Efficiency.setTableColumn-
Link(new TableColumnLink(Effizienzoptimierung.class.
getName(),Effizienzoptimierung.IE1-Standard Efficiency.get-
Name(),new EntityRelationship(Effizienzoptimierung.class.
getName(),new String[]{Effizienzoptimierung.Id.getName()},
Cardinality.ONE,Energien.class.getName(),new String[]{Ener
gien.Effizienzoptimierung_Id.getName()},Cardinality.ONE)));
verluste_Kupferverluste.setPersistent(false);
verluste_Kupferverluste.setTableColumnLink(new TableColumn-
Link(Verluste.class.getName(),Verluste.Kupferverluste.get-
Name(),new EntityRelationship(Verluste.class.getName(),new
String[]{Verluste.Id.getName()},Cardinality.ONE,Energien.
class.getName(),new String[]{Energien.Verluste_Id.getName
                            ()},Cardinality.ONE)));
}
```

Listing 4.6e Struktur der virtuellen Tabellen im Hinblick auf Beziehungen zwischen verschiedenen Tabellen

```
public Energien()
{   super(Energien.class.getName(),null,"energien",Id,Schal-
tung,Getriebestufen,Verlusteanalyse,Effizienzstufen,Moto-
renbetriebsverhalten_Id,motorenbetriebsverhalten_Motor-
schutzarten,Getriebearten_Id,getriebearten_Stirnrad,Fre-
quenzumrichter_Id,frequenzumrichter_Leerlaufausgang,-
Motordimensionierung_Id,motordimensionierung_Wirkungs-
grad,Effizienzoptimierung_Id,effizienzoptimierung_IE1_Stan-
dard_Efficiency,Verluste_Id,verluste_Kupferverluste);
setDataSource(MySQL_Energien_DB.DB);
setPrimaryColumn(Schaltung);
}
public final static Energien VT = new Energien();
public static Energien getInstance()
{
return VT;
}
}
```

Listing 4.6f Methodenaufruf in Konstruktoren im Hinblick auf Anbindung der Datenbank MySQL, statische Methode und virtuelle Tabelle *VT*

4.6.2 Objektorientierte Programmierung der energieeffizienten Optimierung des Asynchronmotors

Der Konstruktor der Klasse *Effizienzoptimierung* wird ausschließlich bei der Objekterzeugung aufgerufen (siehe Listings 4.5a und 4.7). Bei dieser Klasse aus dem Listing 4.5a ist zu bemerken, dass die Objekte im objektorientierten Denkmodell *IE1_Standard_Efficiency*, *IE2_High_Efficiency* und *IE3_Premium_Efficiency* sind. Von Daher ist die Objekterzeugung sowohl dem Listing 4.5a als auch dem Listing 4.7 zu entnehmen.

Die Typisierung der Klasse (z. B. *Effizienzoptimierung* oder *Energien*) erfolgt, indem der Datentyp (z. B. Integer bzw. String) in spitzen Klammern direkt hinter dem Klassennamen (z. B. *Effizienzoptimierung* bzw. *Energien*) angegeben wird (Listings 4.5a, 4.6a–f und 4.7).

```
public Effizienzoptimierung()
{
    super(Effizienzoptimierung.class.getName(),null,"effizienzop-
                                        timierung",Id,
    IE1_Standard_Efficiency,IE2_High_Efficiency,IE3_Premium_Efficiency);
    setDataSource(MySQL_Energien_DB.DB); setPrimaryColumn(IE1_
                                        Standard_Efficiency);
}
```

Listing 4.7 Konstruktor der Klasse *Effizienzoptimierung*

Die Methode *Effizienzoptimierung()* ist der Operator des Klassentyps (siehe Listings 4.5a und 4.7). Dies trifft ebenfalls auf die Methode *Energien()* beim Listing 4.6f zu. Die Implementierung des Zugriffes auf „MySQL_Energien_DB.*DB*" wurde in der Methode *Effizienzoptimierung()* (siehe Listings 4.6f) bzw. *Energien()* (siehe Listing 4.7) ausgelagert. Die Listings 4.7 und 4.6a der Klassen *Effizienzoptimierung* bzw. *Energien* zeigen, wo die Anweisungen verpackt sind: in den Methoden der genannten Klassen.

Aber es gibt auch Anweisungen der Klassen *Effizienzoptimierung* und *Energien* in den statischen Methoden. Der folgende Abschnitt zeigt, wie diese Methoden ohne Erzeugung der Objekte der entsprechenden Klassen benutzt wurden. Diese statischen Methoden liefern mit Hilfe von *getInstance* den Rückgabewert „VT" (*VirtualTable* oder virtuelle Tabelle entspricht der Klasse *Effizienzoptimierung* bzw. *Energien*). Das heißt, diese statischen Methoden werden über den Namen der Klasse (z. B. *Effizienzoptimierung* bzw. *Energien*) angesprochen. Listings 4.8 und 4.9 erläutern das Konzept objektorientierter Programmierung in Bezug auf statische Methoden *Effizienzoptimierung getInstance()* und *Energien getInstance()*.

```
public final static Effizienzoptimierung VT = new Effizienzopti-
                                                          mierung();
public static Effizienzoptimierung getInstance()
{
  return VT;
}
```

Listing 4.8 statische Methoden *Effizienzoptimierung getInstance()*

```
public final static Energien VT = new Energien();
public static Energien getInstance()
{
  return VT;
}
```

Listing 4.9 statische Methoden *Energien getInstance()*

4.6.3 Überblick über Membervariablen in Bezug auf energieeffiziente Optimierung des Asynchronmotors

Ebenfalls wurden bei den Klassen *Motordimensionierung, Effizienzoptimierung* und Energien aus den Listings 4.4b, 4.5a und 4.6a Membervariablen als *static final* deklariert: Das sind *Konstanten*. Das heißt, diese Variablen dürfen nicht verändert werden.

```
{ public final static VirtualTableColumn<Integer> Id;
  public final static VirtualTableColumn<String> IE1_Standard_
                                                  Efficiency;
  public final static VirtualTableColumn<String> IE2_High_Efficiency;
  public final static VirtualTableColumn<String> IE3_Premium_
                                                  Efficiency; }
```

Listing 4.10 Überblick über Konstanten oder Membervariablen

Variablen und Methoden mit dem Attribut *static* existieren vom Laden der Klasse bis zum Beenden des Programms (Louis und Müller 2014). Das Listing 4.10 erläutert die Rolle des *static-final*-Attributs. Weil diese Konstanten (z. B. *Id* oder *IE1_ Standard_Efficiency*) mit diesem Attribut von allgemeinem Interesse sind, wurden sie als *public final static* definiert. Deshalb wurden sie direkt initialisiert. Sowohl beim Listing 4.4c wie auch beim Listing 4.6b wurde ein *statischer Initialisierer* mit dem Namen *static* definiert. Er ist erkennbar als parameterlose Methode, die zur

Initialisierung von *statischen Variablen* dient (z. B. *Id* = **new** VirtualTableColumn <Integer>("Id")). Bei den Listings 4.4c und 4.6b handelt es sich um eine komplexere Initialisierung. Der *statische Initialisierer* bei Listings 4.4c und 4.6b ist ähnlich wie ein normaler Konstruktor und dient wie dieser dazu, Variablen mit einem definierten Anfangswert zu belegen.

4.7 Zusammenfassung

Der Fokus der Entwicklung von Asynchronmotoren-Anwendungen liegt auf dem Datenmodell in Bezug auf Aufsetzen von MySQL mit Xampp.

Die Verbindung zu einer Datenbank erfolgt über spezielle Datenbankschnittstellen, die XDEV 4 zur Verfügung stellt. Die Daten vom Energiemanagement des Asynchronmotors wurden komfortabel mit MySQL verwaltet. Ein Datenbankmanagementsystem wie MySQL wird zur Verwaltung von Daten benötigt, das heißt, um sie zu speichern, zu ändern oder auch zu löschen. Eine virtuelle Tabelle ist einfach ausgedrückt eine Kopie einer Datenbanktabelle auf dem Client und bildet das Verbindungsstück zwischen grafischer Oberfläche und Datenbank. Mit virtuellen Tabellen wird die Verarbeitung von Abfrageergebnissen sowie die Ausgabe sämtlicher Daten auf der Oberfläche vollständig automatisiert.

Bei objektorientierter Programmierung stehen Objekte und Klasse in Beziehung zueinander. Die Objekterzeugung bei der Klasse *Effizienzoptimierung* geschieht mittels des *new*-Operators. Der Konstruktor der Klasse *Effizienzoptimierung* wird ausschließlich bei der Objekterzeugung aufgerufen. Bei dieser Klasse sind die Objekte im objektorientierten Denkmodell *IE1_Standard_Efficiency*, *IE2_High_Efficiency* und *IE3_Premium_Efficiency*.

Die Typisierung der Klasse (z. B. *Effizienzoptimierung* oder *Energien*) erfolgt, indem der Datentyp (z. B. Integer bzw. String) in spitzen Klammern direkt hinten dem Klassennamen (z. B. *Effizienzoptimierung* oder *Energien*) angegeben wird.

Literatur

Daum, B.: Programmieren mit der Java Standard Edition, Java 6, S. 1–475. Addison-Wesley Verlag, Boston (2007)

Hagmann, G.: Leistungselektronik. Grundlagen und Anwendungen in der elektrischen Antriebstechnik, Lehrbuch, 4. Korr. Aufl.. Aula-Verlag, Deutschland (2009)

Krüger, G., Hansen, H.: Java Programmierung, das Handbuch zu Java 8, S. 1–1079. O'Reilly Verlag, Köln (2014)

Louis, D., Müller, P.: Aktuell zu Java 8, Handbook, S. 1–938. O'Reilly Verlag, Köln (2014)

Maurice, F.: PHP 5.4 & MySQL 5.5, *Programmierung dynamischer Websites*, S. 283–320. Addison-Wesley Verlag, Boston (2012)

Schicker, E.: Datenbank und SQL. Vieweg + Teubner Verlag/Springer Fachmedien Wiesbaden, Wiesbaden (2014). https://doi.org/10.1007/978-3-8348-1732-7

Teigelkötter, J.: Energieeffiziente elektrische Antriebe. Vieweg + Teubner Verlag/Springer Fachmedien Wiesbaden, Wiesbaden (2013). https://doi.org/10.1007/978-3-8348-2330-4-2

IT-Lösungen für den Drehstromantrieb: Anwendung vom Java XDEV 4 Framework in den Drehzahlstellungen

5

Dieses Kapitel fokussiert auf die Drehzahlstellung in Bezug auf die untersynchrone Stromrichterkaskade. Es beschäftigt sich mit der Anwendung der Informationstechnologie in Gleichstrom Frequenzumrichtern. Diese stellt den neuen Begriff „Energietechnik-Informatik" in Bezug auf Energiemanagement von Asynchronmaschinen dar. IT-Lösungen für die untersynchrone Stromrichterkaskade (USK) spielen eine wichtige Rolle bei dem Einsparpotenzial der Energie, weil die USK-Anlagen bei reduzierter Drehzahl des Antriebes die Schlupfleistung nahezu 100 %ig ins Netz zurück speisen. Der Gesamtwirkungsgrad im gesamten Drehzahlbereich liegt zwischen 0.9 und 0.95.

5.1 Anwendung der IT in Gleichstromfrequenzumrichtern

Das Anwendungsgebiet der Frequenzumrichter ist die Versorgung von Drehstrommotoren, deren Drehzahl verstellbar sein muss. Bei der Steuerung der Drehzahl werden sowohl die Frequenz der Umrichter-Ausgangsspannung als auch die Spannungshöhe verändert (Hagmann 2009; Andreas 2014; Felderhoff 2014). Der Gleichstromfrequenzumrichter besteht nur aus einer Drossel. Die Energie wird über den netzgeführten Stromrichter in das Netz zurückgespeist (Marenbach et al. 2010).

Bei der untersynchronen Stromrichterkaskade (USK) wird eine Asynchronmaschine mit Schleifringläufer eingesetzt (Andreas 2014). Die elektrische Läuferleistung wird dann gleichgerichtet (GR) über den Gleichstromzwischenkreis mit

© Springer Fachmedien Wiesbaden GmbH 2018
E.A. Nyamsi, *Realisierung der Einsparpotentiale bei elektrischen Energieverbrauchern*, https://doi.org/10.1007/978-3-658-14715-0_5

Glättungsdrossel (GZ) in den netzgeführten Wechselrichter (WR) gespeist und über den Transformator ins Netz zurückgeführt. Mit dieser Antriebslösung ergibt sich eine erhebliche Energieersparnis gegenüber der ständigen Steuerung über den Läuferanlasser.

Die „Energietechnik-Informatik" verwendet Java XDEV 4 Framework zum Berechnen der Betriebskenngrößen der Asynchronmaschine in Bezug auf untersynchrone Stromrichterkaskaden-Anlagen. Dabei wird der Motor mit Hilfe von Java 8 verstellt. Hierbei werden mit Hilfe des Interface „Leistungsbetrachtung", der Klassen „Motordrehzahlverstellung ", „Wechselstromumrichter ", „Motorumrichterbetrieb", „Belastung", die Drehzahl, Frequenz, Spannung und Schlupf berechnet. Die letzte Kenngröße ist eine wichtige Rechengröße der Asynchronmaschine und gibt das Zurückbleiben des Läufers hinter der Drehzahl als relative Zahl an.

Listing 5.1 stellt eine Implementierung des Interface „Leistungsbetrachtung" dar. Ein Interface ist eine besondere Form einer Klasse, die ausschließlich abstrakte Methoden und Konstanten enthält (Krüger und Hansen 2014; Louis und Müller 2014; Daum 2007).

```
public interface Leistungsbetrachtung
{
  public double motornennmoment();
  public double frequenz();
  public double motorspannung();
}
```

Listing 5.1 Interface Leistungsbetrachtung

Das Interface *Leistungsbetrachtung* vererbt keinen Code, es vererbt die Namen von *public*-Methoden. Das Listing 5.1 zeigt, dass das Interface *Leistungsbetrachtung* keinen Konstruktor hat. Darunter folgen in geschweiften Klammern die Methoden des Interface: *motornennmoment, frequenz und motorspannung.*

5.2   Implementierung des Interface *Leistungsbetrachtung*

5.2.1   Überblick über Anwendung des Interface *Leistungsbetrachtung* im Asynchronmotor

Die Klassen *Motorumrichterbetrieb, Wechselstromumrichter, Motordrehzahlverstellung* und *Belastung* implementieren das Interface *Leistungsbetrachtung* und geben Informationen über seine räumliche Ausdehnung. Diese Klassen hängen das Interface mit dem Schlüsselwort an die Klassennamen. Die genannten Klassen haben für alle Methoden, die in dem Interface *Leistungsbetrachtung* aufgeführt sind, Anweisungsblöcke definiert.

Listings 5.1, 5.2 und 5.3a–c geben einen Überblick über Interface und Polymorphie. Der Compiler hat dafür gesorgt, dass die Methoden *motornennmoment()*, *frequenz()* und *motorspannung ()* implementiert sind.

```
public class Wechselstromumrichter implements Leistungsbetrachtung
{
  public double motornennmoment()
  {
    return 428;
  }
  public double frequenz()
  {
    return 35.5;
  }
  public double motorspannung()
  {
    return 280;
  }
}
```

Listing 5.2 Implemetierung des Interface Leistungbetrachtung in der Klasse Wechselstromumrichter im Hinblick auf die Methoden *motornennmoment()*, *frequenz()*, *motorspannung()*.

5.2.2 Implementierung des Interface *Leistungsbetrachtung* zur Motordrehzahlverstellung

Die Implementierung des Interface *Leistungsbetrachtung* stellt sicher, dass über die Interface-Variable die im Interface *Leistungsbetrachtung* definierten Methoden des Objekts aufgerufen werden können.

Außerdem können Variablen des Typs Interface *Leistungsbetrachtung* auf alle Objekte verweisen, deren Klasse (*Wechselstromumrichter*) das Interface *Leistungsbetrachtung* implementiert.

Es ist zu bemerken, dass die Interfacemethoden konstante Werte zurückgeben.

Anhand des Listings 5.2 wurde die Funktionalität des Interface *Leistungsbetrachtung* beschrieben. Diese Funktionalität wurde von den Klassen *Motorumrichterbetrieb, Wechselstromumrichter, Motordrehzahlverstellung* und *Belastung* realisiert. Durch Implementierung des *Leistungsbetrachtung*-Interface wurde die Verfügbarkeit der Methoden *motornennmoment(), frequenz() und motorspannung()* unabhängig von ihrer eigenen Vererbungslinie gesichert. Diese drei Funktionen stellen die Rechengrößen zur Drehzahl-Drehmoment-Kennlinie der Asynchronmaschine dar.

Listings 5.3a–c geben einen Überblick über die Motordrehzahlverstellung bezüglich der Betrachtung des Motormoments, der Läuferkreisfrequenz und der Motorspannung. Deswegen soll der Motor für einen bestimmten Antrieb mittels Frequenzumrichter mit einer bestimmten Drehzahl gefahren werden. Das Nennmoment ist eine wichtige Kenngröße zur Drehzahlverstellung des Asynchronmotors.

```
public class Motordrehzahlverstellung implements Leistungsbe-
                                                    trachtung
{
  public int drehzahlbereich;
  public double schlupf;
  public double frequenz;
  public double motornennmoment;
  public double motorspannung;
  public double motornennmoment()
  {
    double moment = 0;
    if(drehzahlbereich == 0)
    {
     Moment = 0;
    }
  if(drehzahlbereich == 750)
    {
     Moment = 80*9550/ drehzahlbereich;
    }
    if(drehzahlbereich == 1000)
    {
     moment = 80*9550/ drehzahlbereich;
    }
```

```
if(drehzahlbereich == 1500)
{
  moment = 80*9550/ drehzahlbereich;
}
if(drehzahlbereich == 2000)
{
  moment = 80*9550/ drehzahlbereich;
}
if(drehzahlbereich == 3000)
{
  moment = 80*9550/ drehzahlbereich;
}
  return moment;
}
```

Listing 5.3a Implementierung des Interface *Leistungsbetrachtung* in der Klasse *Motordrehzahlverstellung*

Anhand des Listings 5.3a erkennt man, dass die Motordrehzahlverstellung zwischen 750 und 3000 1/s liegt. Bei stabilem Moment und steigender Drehzahl steigt die Leistung linear mit der Drehzahl im Bereich von 0 bis zum Typenpunkt Nenndrehzahl. Das Prinzip des Frequenzumrichters fokussiert auf die Proportionalität der Spannung zu der Frequenz. Das heißt, der Umrichter funktioniert so, dass die Spannung linear mit der Frequenz ansteigt und bei Nennfrequenz 50 Hz den Maximalwert erreicht (Felderhoff 2014).

Beim Analysieren der Struktur des Codes des Listings 5.3a ist sichtbar, dass die Leistung (z. B. 80 kW) proportional zu dem Moment und der Drehzahl ist. Mit Hilfe der Formel (Gl. 5.1 und 5.2) zur Leistungsbetrachtung des Asynchronmotors im Hinblick auf Verzweigung (z. B. *if*-Anweisung) ist des Listings 5.3a zu entnehmen:

$$M = (P * 9550) \div n \tag{5.1}$$

n : Drehzahl des Rotors; M : Moment; P: mechanische Leistung; 9550: Konstant

$$P = 2 * \pi * M * n \, \text{mit} \, \pi = 3{,}14 \tag{5.2}$$

Die Gleichungen 5.1–2 sowie die Listings 5.3a–d erläutern das Prinzip der Motordrehzahlverstellung bezüglich des Betriebsverhaltens des Asynchronmotors bei Umrichter. Im Bereich von Nenndrehzahl bis maximaler Drehzahl bleibt die Leistung bei fallendem Moment und steigender Drehzahl konstant (Felderhoff 2014).

```
public double frequenz()
{
   double laeuferkreisfrequenz = 0;
   if(schlupf == 0)
   {
    laeuferkreisfrequenz = 0;
   }
   if(schlupf == 0.015)
   {
    laeuferkreisfrequenz = 50*schlupf;
   }
   if(schlupf == 0.02)
   {
    laeuferkreisfrequenz = 50*schlupf;
   }
   if(schlupf == 0.03)
   {
    laeuferkreisfrequenz = 50*schlupf;
   }
   if(schlupf == 0.04)
   {
    laeuferkreisfrequenz = 50*schlupf;
   }
   if(schlupf == 0.05)
   {
    laeuferkreisfrequenz = 50*schlupf;
   }
   return laeuferkreisfrequenz;
}
```

Listing 5.3b Implementierung der Methode *frequenz()* im Hinblick auf *if*-Anweisung zur Drehzahlverstellung bezüglich der Veränderung des Motorschlupfs *s*

Das Listing 5.3b gibt einen Überblick über den Motorschlupf *s*. Für die Drehzahlverstellung ist auch der Schlupf zu verändern. Mit Hilfe der Gl. 5.3 wird der Frequenzbereich (oder die Läuferkreisfrequenz) mit den dazugehörigen Schlüpfen bestimmt.

$$fr = s * f_s \qquad\qquad (5.3)$$

f_r, s, und f_s sind Läuferkreisfrequenz bzw. Motorschlupf und Netzfrequenz. Die Ständerfrequenz oder Netzfrequenz hat einen Wert von 50 Hz. Es ist dem Listing 5.3b und der Gl. 5.3b die Wirkungsweise der Asynchronmaschine bezüglich der Proportionalität der Rotorfrequenz f_r (oder Frequenz im Läuferkreis) zu dem Motorschlupf s zu entnehmen. Der Schlupf wird auch relative Drehzahldifferenz genannt und ist eine wichtige Betriebskenngröße von Asynchronmaschinen. Die Gl. 5.3b zeigt, dass die Frequenz im Läuferkreis (oder Rotorfrequenz) vom Motorschlupf und damit von der Läuferdrehzahl abhängt (Just 2010; Marenbach et al. 2010).

Beim Analysieren des Programmcodes des Listings 5.3b ist erkennbar, dass die Rotorfrequenz f_r zur Einstellung des Motors auf eine bestimmte Drehzahl um den Schlupf s eingestellt ist. Das Listing 5.3b erläutert die Wirkungsweise einer Drehfeldmaschine bezüglich der Rotorfrequenz.

Das Drehfeld läuft über den Rotor hinweg und induziert in den Wicklungen des Rotors Spannungen. Die Asynchronmaschine bezieht ihren Namen aus diesem Sachverhalt: Elektronische Vorgänge laufen im Läuferkreis nur bei asynchronen Drehzahlen ab (Just 2010; Teigelkötter 2013; Marenbach et al. 2010).

5.2.3 Motorspannungseinstellung mit Hilfe des Motorschlupfes

Mittels Frequenzumrichter können Asynchronmaschinen auch oberhalb der Nenndrehzahl betrieben werden (Felderhoff 2014). Aber dann müsste der Motorspannungseffektivwert höher sein als die Netzspannung. Das ist unmöglich, weil die Spannung linear mit der Frequenz ansteigt und den Maximalwert bei Nennfrequenz 50 Hz erreicht. Bei weiterer Frequenzsteigerung bleibt die Spannung konstant. Das liegt daran, dass die im Frequenzumrichter eingangsseitig vorhandene Gleichrichterschaltung die dafür notwendige hohe Spannung meistens nicht zur Verfügung stellen kann (Hagmann 2009). Die Gl. 5.4–5.5 und das Listing 5.3c geben einen Überblick über die Proportionalität der Spannung zu dem Schlupf bezüglich der Drehzahlverstellung. Das Listing 5.3c und die Gl. 5.4 und 5.5 bestätigen, dass die Spannung zur Drehzahlverstellung des Motors auch verändert werden kann.

$$U = 400 * s \tag{5.4}$$

$$s = \mathrm{fr} \div f_s \tag{5.5}$$

Die Variable *s* ist der Motorschlupf und 400 ist eine Konstante, die den Effektivwert der Netzspannung darstellt. Das Listing 5.3c zeigt, dass der Effektivwert der
Netzspannung (400 V) kleiner als der der Motorspannung ist. Das Gegenteil ist
unmöglich (Felderhoff 2014). Frequenzumrichter zur Speisung von Drehstrommotoren werden grundsätzlich so gesteuert, dass die Frequenz (mit Schlupf) und
die Motorspannung proportional zueinander verstellt werden(U/f=konstant)
(Hagmann 2009; Felderhoff 2014).

```java
public double motorspannung()
{
    double spannung = 0;
    if(schlupf == 0)
    {
     spannung = 0;
    }
    if(schlupf == 0.015)
    {
     spannung = 400*schlupf;
    }
    if(schlupf == 0.02)
    {
     spannung = 400*schlupf;
    }
    if(schlupf == 0.03)
    {
     spannung = 400*schlupf;
    }
    if(schlupf == 0.04)
    {
     spannung = 400*schlupf;
    }
    if(schlupf == 0.05)
    {
     spannung = 400*schlupf;
    }
    return spannung;
}
```

Listing 5.3c Implementierung der Methode motorspannung() im Hinblick auf *if*-Anweisung
zur Drehzahlverstellung bezüglich der Veränderung des Motorschlupfs *s*

Das Listing 5.3c stellt die Abhängigkeit zwischen der Motorspannung und dem Schlupf (oder der Frequenz) dar. Das der Schlupf proportional zur Frequenz ist, kann man dem Listing 5.3c zur Darstellung der Spannungs-Frequenz-Kennlinie für Frequenzumrichter entnehmen.

Man bezeichnet eine Steuerung, bei der die Motorspannung und die Frequenz (oder der Schlupf) einander zugeordnet sind, als *Kennlinie-Steuerung* (Hagmann 2009). Da die Motorspannung nicht höher als 400V sein kann, wird ab 50 Hz mit einer Feldschwächung gearbeitet, d. h., die Maschine bringt nicht mehr ihr volles Drehmoment (Felderhoff 2014).

5.2.4 Kompilieren des Programms

Das Listing 5.4 stellt die Anwendung des Interface *Leistungsbetrachtung* in der Energietechnik dar. Die Methode *Motordrehzahlverstellung* berechnet zu jedem Objekt, das das Interface *Leistungsbetrachtung* implementiert, dessen Betriebskenngrößen (Drehzahl, Frequenz, Motorspannung, Motornennmoment und Schlupf).

```
public class Belastung
{
public static void main(String [] args)
{
Motordrehzahlverstellung motorverstellung = new Motordreh-
                               zahlverstellung();
motorverstellung.drehzahlbereich = 1500;
motorverstellung.frequenz = 40;
motorverstellung.motorspannung = 280;
motorverstellung.motornennmoment = 428;
motorverstellung.schlupf = 0.05;


System.out.println("Motorverstellung: Drehzahl: " + motor-
    verstellung.drehzahlbereich + " Umdrehungen pro Minute ");
System.out.println("Motorverstellung: Frequenz: " + motor-
                    verstellung.frequenz + " Hertz ");
System.out.println("Motorverstellung: Spannung: " + motorver-
                    stellung.motorspannung + " Volt ");
```

```
System.out.println("Motorverstellung: Drehmoment : " + motor-
                   verstellung.motornennmoment + " Newton*Meter ");
System.out.println("Motorverstellung: Schlupf: " + motorver-
                   stellung.schlupf );
    }
}
```

Listing 5.4 Anwendungs-Programm zum Berechnen der Betriebskenngrößen

Das Programm erzeugt zunächst einige Objekte, die das *Leistungsbetrachtung*-Interface implementieren. Anschließend werden sie an die Methode *Motordreh-zahlverstellung* übergeben, deren Argument *motorverstellung* der Klasse *Belastung* gehört. Die Abb. 5.1 und 5.2 zeigen die Ausgabe des Programms.

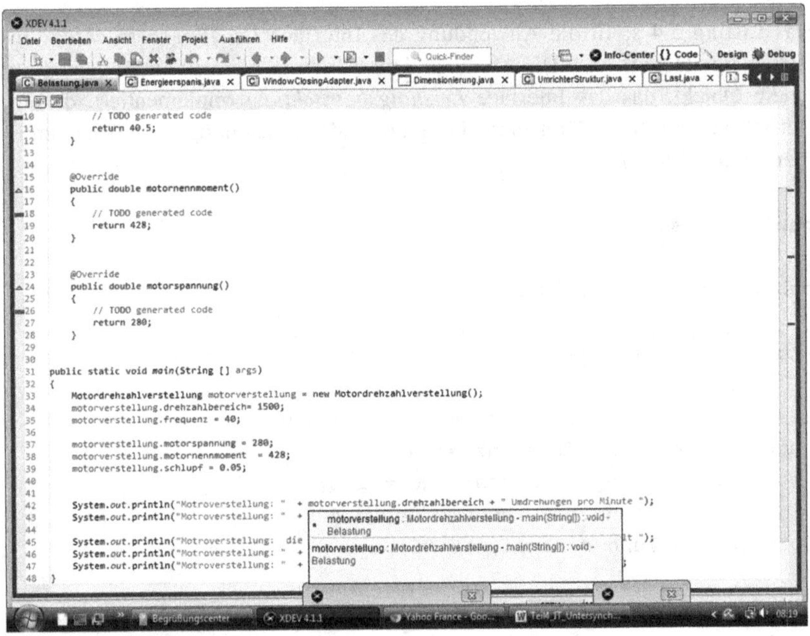

Abb. 5.1 Codeabschnitt des Programms der Klasse *Belastung*

Abb. 5.2 Kompilieren des Programms der Klasse *Belastung*

5.3 Zusammenfassung

IT-Lösungen für die untersynchrone Stromrichterkaskade spielen eine wichtige Rolle bei dem Einsparpotenzial der Energie. Die „Energietechnik-Informatik verwendet Java XDEV 4 Framework zum Berechnen der Betriebskenngröße der Asynchronmaschine in Bezug auf eine untersynchrone Stromrichterkaskade-Anlage".

Frequenzumrichter zur Speisung von Asynchronmotoren werden grundsätzlich so gesteuert, dass die Frequenz (oder der Schlupf) und die Motorspannung proportional zueinander verstellt werden. Dabei wird der Motor mit Hilfe von XDEV Java Framework verstellt.

Ein Interface ist eine besondere Form einer Klasse, die ausschließlich abstrakte Methoden und Konstanten enthält. Das Interface *Leistungsbetrachtung* vererbt keinen Code, es vererbt die Namen von *public*-Methoden. Das Interface *Leistungsbetrachtung* wurde im Programm zur Deklaration von lokalen Variablen oder Methodenparametern verwendet. Eine Interface-Variable ist kompatibel mit allen Objekten, deren Klassen dieses Interface implementieren. Die Nutzung des Interface *Leistungsbetrachtung* stellt eine Anwendung der Informatik in der Energietechnik dar.

Literatur

Daum, B.: Programmieren mit der Java Standard Edition, Java 6, S. 1–475. Addison-Wesley Verlag, Boston (2007)

Felderhoff, R.: (von Udo Busch); Leistungselektronik, Handbuch, Bd. 1–2, 5. Aufl. Springer Fachmedien, München (2014)

Hagmann, G.: Leistungselektronik. Grundlagen und Anwendungen in der elektrischen Antriebstechnik, Lehrbuch, 4. Korr. Aufl. Aula-Verlag, Deutschland (2009)

Just, O.: Regenerative Energiesysteme II: RAVEN – Energiemanagement. Fakultät für Mathematik und Informatik, FernUniversität in Hagen (2010)

Kremser, A.: Elektrische Maschinen und Antriebe: Grundlagen, Motoren und Anwendungen, 4. Aufl. Springer Vieweg, Wiesbaden (2014)

Krüger, G., Hansen, H.: Java Programmierung, das Handbuch zu Java 8, S. 1–1079, O'Reilly Verlag, Köln (2014)

Louis, D., Müller, P.: Aktuell zu Java 8, Handbook, S. 1–938. O'Reilly Verlag, Köln (2014)

Marenbach, R., Nelles, D., Tuttas, C.: Elektrische Energietechnik: Grundlagen, Energieversorgung, Antriebe und Leistungselektronik, Lehrbuch. Springer Vieweg, Wiesbaden (2010)

Teigelkötter, J.: Energieeffiziente elektrische Antriebe. Vieweg + Teubner Verlag/Springer Fachmedien, Wiesbaden (2013). https://doi.org/10.1007/978-3-8348-2330-4-2

Charakterisierung der Asynchronmotoren mit Hilfe von Java Design-Pattern

6

Asynchronmotoren werden aus Einsparpotenzialgründen bei Antrieben eingesetzt. Um diese Motoren möglichst verlustoptimal betreiben zu können, werden Anwendungen mit Hilfe von objektorientierten Design Pattern entwickelt. Die Realisierung der Einsparpotenziale durch die Charakterisierung des Motors beruht auf der Analyse dessen Betriebsverhaltens.

Das Kapitel fokussiert auf die Anwendung von objektorientierten Entwurfsmustern (oder Design Pattern) mit Java in der Charakterisierung des Motors. Mit Hilfe der Java-Programmierung werden Klassen und ihre Methoden bezüglich der Realisierung der Einsparpotenziale in der objektorientierten Sprache verwendet. Hierbei werden Schnittstellen zur Analyse der Energieverluste implementiert. Außerdem werden abstrakte Klassen mit Hilfe ihrer Methoden abgeleitet. Diese Methoden definieren eine Schnittstelle, dessen Implementierung durch eine Klasse eine Fähigkeit oder Eigenschaft darstellt.

Schnittstellen sind abstrakte Klassen, welche abstrakte *public*-Methoden enthalten. Mit Hilfe von Design Pattern werden Interfaces bezüglich des gesuchten Zieles der Einsparpotenziale des Motors definiert und implementiert. Als angewendete Entwurfsmuster für die objektorientierten Programmierung werden Visitor-, Delegate- und Interface-Design Pattern zur Realisierung von Einsparpotenzialen der Asynchronmotoren mit Java implementiert.

© Springer Fachmedien Wiesbaden GmbH 2018
E.A. Nyamsi, *Realisierung der Einsparpotentiale bei elektrischen Energieverbrauchern*, https://doi.org/10.1007/978-3-658-14715-0_6

6.1   Java Design Pattern für die Anwendungen der Stromrichter in der elektrischen Antriebstechnik

Ein wichtiges Anwendungsgebiet für Stromrichterschaltungen ist die elektrische Antriebstechnik. Hierbei werden Stromrichter verschiedenster Art als Stellglieder für Elektromotoren wie z. B. Asynchronmotoren eingesetzt.

Die Stromrichterantriebe sind Anordnungen, in denen die Stromrichter als Stellglieder in den Elektromotoren wie z. B. Asynchronmaschinen angewendet werden. Die Hauptfunktion der Asynchronmaschine ist das Verstellen der Drehzahlen. Eine sekundäre Aufgabe ist die Regelung der Drehzahlen.

6.1.1   Einsatz von Asynchronmaschinen

Die Asynchronmaschine ist der am weitesten verbreitete Maschinentyp (Gert 2009; Kremser 2014; Felderhoff 2014; Marenbach et al. 2010; Peier 2011). Dies erklärt sich durch ihren Einsatz in häufig anzutreffenden Geräten im Haushalt. Größere Stückzahlen werden auch für Werkzeugmaschinen produziert. Die leistungsstärksten Vertreter der Gattung dienen dem Antrieb von Kesselspeisepumpen und erreichen Nennleistungen bis etwa 20 MW. Die Asynchronmaschine wird hauptsächlich als Motor verwendet und ist wartungsarm, betriebssicher und robust. Schleifringläufer- und Käfigläufermaschine sind Drehstromvarianten der Asynchronmaschine (Peier 2011). Dank der Universalität der Eigenschaften der ersten Drehstromvariante wird sie am häufigsten in Forschung und Industrie behandelt.

6.1.2   Design Pattern für die Energieersparnis

Die Energieersparnis wird mit Hilfe des Design Patterns bezüglich der Drehzahlverstellung ermittelt. Hierbei wird das objektorientierte Design mit dem Prinzip der Vererbung in der untersynchronen Stromrichterkaskade angewendet.

Beim Drehzahlverstellen wird auch der Schlupf der Maschine verändert, weil er die relative Drehzahldifferenz mit Hilfe der Gl. 6.1 darstellt:

$$s = 1 - \frac{n}{n_d} \tag{6.1}$$

n_d: Synchrondrehzahl
n: Läuferdrehzahl

Die Ständerdrehstromwicklung erzeugt ein Drehfeld, welches mit der synchronen Drehzahl n$_d$ umläuft (Gl. 6.2).

$$nd = \frac{f_s}{p} \qquad (6.2)$$

f$_s$ ist die Netzfrequenz = 50Hz = 50 1/Sekunde.

p: polpaarzahl

Mit Hilfe des Java objektorientierten Designs werden sowohl die Drehzahl als auch der Schlupf als Objekt betrachtet. Hierbei ist das Programmieren der Realisierung der Energieersparnis mit Hilfe des objektorientierten Designs effizient. Von daher werden die Betriebskenngrößen während des Programmierens befragt. Der Schlupf ist eine wichtige Betriebskenngröße von Asynchronmaschinen. Wenn sein Wert null ist (oder bei synchronem Lauf mit n = n$_d$), tritt keine Spulenspannung auf.

Listings 6.1–6.2 geben einen Überblick über die Anwendung des objektorientierten Designs bezüglich der Vererbung in der Realisierung der Energieersparnis bei den Asynchronmotoren.

```
public class UntersynchroneStromrichterKaskade
{
protected int drehzahl;
public UntersynchroneStromrichterKaskade(int drehzahl)
{
  this.drehzahl = drehzahl;
  print();
}
public void print()
{
  System.out.println("Drehzahl der USK ist : " + drehzahl + "
                      Umdrehungen pro Minute");
}
}
```

Listing 6.1.2.a Basis Klasse *UntersychroneStromrichterKaskade*

```
public class Energieersparnis extends UntersynchroneStrom-
                                        richterKaskade
{
protected double maxSchlupf;
public Energieersparnis (int drehzahl, double maxSchlupf)
```

```
{
  super(drehzahl);
  this.maxSchlupf = (int)maxSchlupf;
}
public void print()
{ System.out.println("Die Kennlinie der untersynchronen Strom-
    richterkaskade(USK) ist:("+drehzahl+","+maxSchlupf+")");
}
}
```

Listing 6.1.2.b abgeleitete Klasse *Energieersparnis*

```
public class Energieberechnung extends Energieersparnis
{
  public Energieberechnung(int drehzahl, double maxSchlupf,
                                           int drehzahl2)
  {
    super(drehzahl, maxSchlupf);
    this.drehzahl = drehzahl2;
  }
  public static void main (String [] args)
  {
    new Energieersparnis(1480, 0.3);
  }
}
```

Listing 6.1.2.c Hauptprogramm Klasse *Energieberechnung*

Listing 6.1.2.d Ausgabe des Programms
Start Energieberechnung.java @ 16.09.15 14:25:17
    Die Kennlinie der untersynchronen Stromrichterkaskade (USK) ist: (1480, 0.0)
    Terminated Energieberechnung.java [runtime=4,087]

Listings 6.1.2.a–d stellen die Lösung zur Ermittlung der Einsparpotenziale mit Hilfe von den Betriebskenngrößen des Motors dar: Schlupf und Drehzahl.
    Diese Kenngrößen sind Objekte des Designs. Weil die zweite Kenngröße ein wichtiges Element zur Realisierung der Einsparpotenziale bei den Asynchronmotoren ist (Schleifringläufermotoren), ist das Programmieren der Verstellung der Drehzahl mit Hilfe des Java objektorientierten Designs sinnvoll. Beim Analysieren des Codes der Listings 6.1.2a–b ist zu bemerken, dass die Vererbung gerechtfertigt ist. Die Basisklasse *UntersynchroneStromrichterKaskade* enthält sowohl Objekte

der abgeleiteten Klasse *Energieersparnis* wie z. B. *drehzahl* als auch Methoden wie z. B. *print()*, welche die Drehzahl der untersynchronen Stromrichterkaskade ermittelt. Hierbei wird der Schlupfwert nicht zurückgegeben, weil der Datentyp *protected* vor dem Objekt *maxSchlupf* den Zugang zu dem Wert beschränkt. In der Hauptklasse *UntersychroneStromrichterKaskade* wird der Schlupfwert nicht gefunden, weil die Basisklasse keinen Zugang zu dem Objekt maxSchlupf hat. Laut der Vererbung soll ein Element der Basisklasse in der abgeleiteten Klasse sein. Es gibt jedoch eine Beschränkung wegen des Datentyps *protected* vor dem Objekt *maxSchlupf*. Bei der Implementierung der abgeleiteten Klasse *Energieersparnis* ist zu bemerken, dass diese nur vererbte Elemente berücksichtigt. Weil diese Klasse nicht das Objekt *maxSchlupf* erbt, wird auch der Schlupfwert nicht ermittelt. Das Element *print()* der Basisklasse *UntersynchroneStromrichterKaskade* und ihrer abgeleiteten Klasse *Energieersparnis* rechtfertigt das Prinzip der Vererbung. Laut diesem Prinzip ist ein Objekt (*drehzahl*) der abgeleiteten Klasse *Energieersparnis* auch ein Objekt der Basisklasse *UntersynchroneStromrichterKaskade*. Dies ist eine sinnvolle Vererbung. Aber das Objekt *maxSchlupf* gehört nur der abgeleiteten Klasse *Energieersparnis*. Deswegen wird der Wert des Schlupfes nicht gefunden. Außerdem fehlt der Hauptklasse *UntersynchroneStromrichterKaskade* das Element *maxSchlupf* in der Methode *print()*. Im Hauptprogramm wird der Konstruktor Energieersparnis (1480, 0.3) aufgerufen (siehe Listings 6.1.2c–d). Mit dem Schlüsselwort *super* in der abgeleiteten Klasse *Energieersparnis* wird hier der Konstruktor *Energieersparnis (int drehzahl, double maxSchlupf)* der Basisklasse *UntersynchroneStromrichterKaskade* aufgerufen. Dieser Aufruf stellt jenen des Basisklassenkonstruktors dar. Der Zugriff auf verdeckte Instanzvariablen wie z. B. *drehzahl* oder *maxSchlupf* der abgeleiteten Klasse *Energieersparnis* erfolgt durch Umwandlung des Objekts in den Typ der Basisklasse mittels des *new*-Operators (siehe Listing 6.1.2c). Die Ausgabe des Programms ist 1480 (siehe Listing 6.1.2d). Dies entspricht dem Wert der Drehzahl.

6.1.2.1 Überblick über das Objekt *drehzahl* hinsichtlich der Vererbung von Konstruktoren

Das Objekt *drehzahl* wurde in dem Konstruktor *Energieersparnis()* der abgeleiteten Klasse *Energieersparnis* definiert. Bei der Objekterzeugung spielt die Methode *Energieersparnis()* eine wichtige Rolle (Listing 6.1.2.a). Deswegen trägt diese Methode (oder Konstruktor genannt) den Namen der abgeleiteten Klasse *Energieersparnis*. Dieser Konstruktor enthält zwei Objekte: *drehzahl* und *maxSchlupf* (Listings 6.1.2b–c).

Er wird ausschließlich bei der Objekterzeugung aufgerufen. Beim Zugriff auf *protected*-Element *maxSchlupf*, welches in der abgeleiteten Klasse *Energieersparnis* deklariert wurde (siehe Listing 6.1.2.a), gibt es eine Sichtbarkeitsbeschränkung. Das heißt das Kenngröße-Element *maxSchlupf* ist nur in der abgeleiteten Klasse *Energieersparnis* sichtbar. *Protected*-Elemente sind vor dem Zugriff von außen geschützt, können aber von abgeleiteten Klassen verwendet werden. Von daher ist die Klasse *Energieersparnis* eine ideale abgeleitete Klasse, weil sie nur Eigenschaften d. h. alle Variablen wie z. B. *drehzahl* und alle Methoden wie z. B. *print()* der Basisklasse *UntersynchroneStromrichterKaskade* enthält. Durch Zufügung der neuen Variable *maxSchlupf* wurde die Funktionalität der abgeleiteten Klasse *Energieersparnis* erweitert. Es ist zu bemerken, dass der Zugriff auf die vererbte Member-Variable *drehzahl* mit Hilfe des Schlüsselwortes *super* im Konstruktor der abgeleiteten Klasse *Energieersparnis* stattfindet (siehe auch Listings 6.1.2b–d).

Dem Listing 6.1.2.a ist die Vererbung der Eigenschaften der Basisklasse *UntersynchroneStromrichterKaskade* als Designmerkmal objektorientierter Sprache zu entnehmen. Beim Listing 6.1.2.b ist zu erkennen, dass die abgeleitete Klasse *Energieersparnis* darstellt.

Das Listing 6.1.2.b stellt ein Beispiel einer Konstruktoren-Verkettung bezüglich des Aufrufes der Methode *super(drehzahl)* innerhalb des Konstruktors *Energieersparnis(int drehzahl, double maxSchlupf)* dar.

6.1.2.2 Berücksichtigung des Schlupfwertes als wichtiges Objekt in der Realisierung der Einsparpotentiale

Die Berücksichtigung des Motorschlupfs s liegt daran, dass die Drehung des Motors mit der Drehzahl n eine Spannung im Läufer mit der Frequenz $f_2 = s.f_1$ erzeugt. Hierbei ist die Frequenzgröße proportional zum Schlupf, welche mit Hilfe der abgegebenen Leistung P_{ab} und der zugeführten Leistung P_{zu} mit der Gl. 6.3 berechnet wird:

$$s = 1 - \frac{P_{ab}}{P_{zu}} \tag{6.3}$$

Das Verhältnis $\dfrac{P_{ab}}{P_{zu}}$ ist der Wirkungsgrad des Motors und kann mit Hilfe vom Schlupf s berechnet werden. Umgekehrt wird der Schlupfwert mit Hilfe vom Wirkungsgrad mit der Gl. 6.4 ermittelt.

$$s = 1 - \eta\eta : Wirkungsgrad \tag{6.4}$$

Der Schlupf des Motors ist eine wichtige Betriebskenngröße zum Berechnen der Läuferverlustleistung P_{cu}, weil diese Verlustleistung von dem Schlupf s und der Luftspaltungsleistung P_δ abhängt (siehe Gl. 6.5).

$$P_{cu} = s.P_\delta \qquad (6.5)$$

Aus dem Zusammenhang zwischen Luftspaltleistung, Schlupf und Läuferverlustleistung folgt, dass der Asynchronmotor effizienter betrieben wird, wenn der Schlupfwert klein ist.

Die Tab. 6.1 analysiert die Schlupfbereiche der Asynchronmaschine und gibt eine Interpretation der Funktionalität dieser Maschine.

6.1.3 Design Pattern „Visitor" für die Stromrichteranwendungen

Die vier Hauptrollen der Leistungselektronik sind: Gleichrichten, Wechselrichten, Gleichstromumrichten und Wechselstromumrichten (Felderhoff 2014).

Beim Gleichrichten fließt die Energie vom Wechselstrom- oder Drehstromsystem zum Gleichstromsystem. Beim Wechselrichter fließt die Energie in der umgekehrten Richtung. Ein Gleichstromumrichter verbindet zwei differenzierte Spannungen miteinander. Gleichstromumrichter produzieren aus einer Gleichstromquelle eine stufenlose stellbare Gleichspannung. Der Einsatz vom Wechselumrichter liegt in der Frequenzumformung. Ein Wechselumrichter verbindet

Tab. 6.1 Analyse der Schlupfwerte für das Betriebsverhalten von Asynchronmaschinen

Schlupfbereiche	Drehzahlbereiche	Interpretation	Betriebsverhalten
$0 \leq s < 1$ $s = 1 - \dfrac{n}{nd}$	$nd > n \geq 0$ n_d : synchrone Drehzahl n : Läuferdrehzahl	Normalbetrieb (untersynchrone Drehzahl). Der Wirkungsgrad ist positiv d. h. $\eta > 0$	Motorbetrieb $\eta = 1 - s$
$s < 0$	$n > nd$	Übersynchrone Drehzahl -> Abgabe elektrischer Leistung und Zufuhr mechanischer Leistung	Generatorbetrieb $\eta = \dfrac{1}{1-s}$
$s > 1$	$n < 0$	Drehung des Rotors entgegen dem Drehfeld. Zufuhr sowohl elektrischer Leistung als auch mechanischer Leistung	Der Wirkungsgrad ist negativ. $\eta < 0$ mit $\eta = 1 - s$

Auftritt von Schlupfwerten zur Interpretation der Funktionalität der Asynchronmaschine

zwei Wechsel- oder Drehstromsysteme differenzierter Spannung und Frequenz miteinander. Mit Hilfe von Gleichrichtern, Wechselrichtern und Wechselstromrichtern lassen sich Stromrichterschaltungen bezüglich der Realisierung der Einsparpotenziale für die Asynchronmaschinen einsetzen. Die Funktionalität dieser Schaltungen hängt von den verschiedenen Leistungshalbleitern ab.

Stromrichter mit Dioden kennzeichnen ungesteuerte Gleichrichter. Diese Stromrichter haben heutzutage ihre Bedeutung verloren. Gesteuerte Gleich- und Wechselstromrichter haben ihre größte Bedeutung in der Antriebstechnik mit Asynchronmaschinen. Sowohl abschaltbare Halbleiterventile wie z. B. GTO, Bipolartransistor, IGBT oder MOS-FET als auch Thyristoren mit Löscheinrichtung ermöglichen die Realisierung von gesteuerten Stromrichter-Hauptfunktionen wie Gleich-, Wechselstrom-, und Gleichstromumrichtern. Diese gesteuerten Stromrichter gelten als selbstgeführt, weil sie mit abschaltbaren Halbleiterventilen ausgestattet sind. Diese Ventile ermöglichen die Erzeugung der netzseitigen Ströme mit sinusförmigen Verläufen.

Drehzahl- oder momentgeregelte Antriebe können sowohl mit Hilfe von U-umrichter oder Gleichstromrichter als auch mit Hilfe von untersynchronen Stromrichterkaskaden realisiert werden. Eine effiziente Drehzahlstellung ist bei Asynchronmaschinen nur über kontinuierliche Frequenzänderung möglich.

6.1.3.1 Anwendung des Design Patterns „Visitor" in der Stromrichterschaltung für die Asynchronmaschine

Ein wichtiger Anwendungsbereich für Wechselrichter ist die Speisung von Drehstrommotoren wie z. B. Asynchronmotoren mit Schleifringläufer zur Steuerung oder Regelung der Drehzahl. Heutzutage werden Umrichter eingesetzt, welche aus einem Gleichrichter, einem Gleichstromzwischenkreis und dem Wechselrichter bestehen. Bei der Drehzahlverstellung müssen sowohl die Amplitude als auch die Frequenz der Ausgangsspannung verstellt werden.

Der Umrichter mit Gleichstromzwischenkreis ist als I-Umrichter bezeichnet. Dieser Frequenz-Umrichter besteht aus dem gesteuerten netzgeführten Stromrichter (Gleichrichter), einem Stromzwischenkreis und einem selbstgeführten Wechselrichter. Die Eigenschaft dieses Umrichters liegt darin, dass er im Zwischenkreis mit einem eingeprägten Gleichstrom funktioniert. Der Zwischenkreis enthält eine Glättungsdrossel, welche einen fließenden Gleichstrom ermöglicht. Der nachgeschaltete selbstgeführte Wechselrichter wird als *Strom-Wechselrichter* ausgeführt (Felderhoff 2014). Die Last des I-Umrichters besteht normalerweise aus einem Drehstrommotor wie z. B. dem Asynchronmotor. Dieser Umrichter ermöglicht den Einsatz eines Transformators, um die beiden Gleichstromkreise galvanisch voneinander zu trennen. Der U-Umrichter arbeitet im Frequenzbereich von 0 bis 500 Hz, optional bis

3 Hz. Sein Stellbereich entspricht dem Verhältnis 1:200. Der Leerlaufbetrieb ist möglich. Die Transistoren werden in den Leistungsbereich von 0 bis 250 kW eingesetzt. Während GTO ab 250 kW bis in den Megawatt-Bereich eingesetzt werden. Beim U-Umrichter haben die ungesteuerten Netzgleichrichter einen Leistungsfaktor $\cos \varphi \cong 1$. Der Motorstrom ist zu der mechanischen Leistung proportional.

Der verbreitetste Umrichter ist der Spannungsumrichter oder U-Umrichter, welcher mit eingeprägter Spannung läuft (Felderhoff 2014). Der Zwischenkreis des Spannungsumrichters besteht aus einer Glättungsdrossel und einem Speicherkondensator. Bei den ungesteuerten netzgeführten Stromrichtern ermöglicht der U-Umrichter die Lieferung der Energie nur in eine Richtung d. h. vom Drehstromnetz in den Zwischenkreis und von dort über den Wechselrichter an den Motor. Für die Energierücklieferung mit dem Überstieg der Speicherfähigkeit des Kondensators werden gesteuerte netzgeführte Stromrichter eingesetzt. In diesem Fall wird ein Ballastwiderstand, welcher die von dem Motor zurückgespeiste Energie umwandelt, eingesetzt. Dieser Widerstand wird auch Bremswiderstand genannt und kann auch durch den Transistorschalter zu- und abgeschaltet werden.

Das Ziel des Einsatzes des Umrichters ist eine effiziente Drehzahlverstellung durch Veränderung der Frequenz: Das ist die Realisierung der Einsparpotenziale mit Hilfe der Drehzahlverstellung bei Asynchronmotoren.

Design Pattern für die Stromrichteranwendungen in der elektrischen Antriebstechnik sind auch mit Hilfe der Antriebslösung „untersynchrone Stromrichterkaskade", welche eine Asynchronmaschine mit Schleifringläufer ermöglicht, realisiert.

Dieser Abschnitt stellt die Anwendungen des Design Patterns „Visitor" in der Realisierung der Einsparpotenziale mit der Antriebslösung „untersynchrone Stromrichterkaskade" dar. Der Stator des Motors ist mit dem Drehstromnetz liiert. Bei dieser Antriebslösung wird die erste Spannungsquelle von den induzierten Läuferspannungen des Motors gebildet. Der erste Stromrichter ist als ungesteuerter Gleichrichter (mit Dioden) ausgelegt und speist die Energie des Läuferkreises über einen Gleichstrom-Zwischenkreis und dem Wechselrichter in das Energienetz (oder zweite Spannungsquelle). Auf diese Weise lässt sich die Drehzahl des Motors zwischen 50 % und 100 % der Nenndrehzahl einstellen. Untersynchrone Stromrichterkaskaden werden bei Antriebslösung in den Leistungsbereich von 0.3 bis 20 MW eingesetzt (Marenbach et al. 2010).

```
public interface Stromrichteranwendung
{
    abstract void antriebStromrichterEntry(StromrichterEntry2 entry);
    abstract void antriebStromrichterStarted(Stromrichter2
                                             stromrichter);
```

```
abstract void antriebStromrichterEnded(Stromrichter2 strom-
                                                   richter);
}
```

Listing 6.1.3.1a Interface *Stromrichteranwendung*

```
public class StromrichterEntry2
{
  protected String asynchronmaschine;
  public StromrichterEntry2(String asynchronmaschine)
  {
    this.asynchronmaschine = asynchronmaschine;
  }
  public String toString()
  {
    return asynchronmaschine;
  }
  public void accept(Stromrichteranwendung antreibsanwendung)
  {
    antriebsbsanwendung.antriebStromrichterEntry(this);
  }
}
```

Listing 6.3.1b Implementierung der Methode *accept(Stromrichteranwendung antriebsanwendung)* in der Klasse *StromrichterEntry2*

```
public class Stromrichter2 extends StromrichterEntry2
{
  StromrichterEntry2 [] entries;
  int entryCnt;
  public Stromrichter2(String asynchronmaschine, int maxElements)
  {
    super(asynchronmaschine);
    this.entries = new StromrichterEntry2[maxElements];
    entryCnt = 0;
  }
  public void add(StromrichterEntry2 entry)
  {
    entries[entryCnt++] = entry;
  }
```

```
public String toString()
{

  String antrieb =" (";
  for (int i = 0; i< entryCnt; ++i){
    antrieb += (i !=0 ? "," : "") + entries[i].toString();
  }

  return antrieb + ")";

}
public void accept (Stromrichteranwendung antriebsanwendung)
{

  antriebsanwendung.antriebStromrichterStarted(this);
  for (int i = 0; i< entryCnt; ++i)
  {

    entries[i].accept(antriebsanwendung);

  }
  antriebsanwendung.antriebStromrichterEnded(this);

}
}
```

Listing 6.1.3.1c Implementierung der Klasse *StromrichterEntry2* durch die Klasse *Stromrichter2*

```
public class StromrichterPrintAnwendung implements Stromrich-
                                                  teranwendung
{
 String drossel = "";
 @Override
 public void antriebStromrichterEnded(Stromrichter2 stromrichter)
 {
   drossel = drossel.substring(1);
 }
 @Override
 public void antriebStromrichterEntry(StromrichterEntry2 entry)
 {
   System.out.println(drossel + entry.asynchronmaschine);
 }
 @Override
 public void antriebStromrichterStarted(Stromrichter2 strom-
                                                   richter)
   {
```

```
System.out.println(drossel + stromrichter.asynchronmaschine);
drossel += "";
}
}
```

Listing 1.6.3.1d Implementieren von Operationen mit Hilfe der konkreten *Visitors*-Klasse *StromrichterPrintAnwendung*

```
public class Spannungszwischenkreis
{
 public static void main(String []args)
 {
  Stromrichter2 fileStromrichter = new Stromrichter2("unter-
                synchrone Stromrichterkaskade", 7);
  fileStromrichter.add(new StromrichterEntry2("Drehstromnetz"));
  fileStromrichter.add(new StromrichterEntry2("ungesteuerter
      Gleichrichter(Stromrichterschaltung mit Dioden)"));
  Stromrichter2 confstromrichter = new Stromrichter2("Span-
                nungszwischenkreis", 4);
  confstromrichter.add(new StromrichterEntry2("Glaettungs-
                drossel"));
  confstromrichter.add(new StromrichterEntry2("Speicherkon-
                densator"));
  confstromrichter.add(new StromrichterEntry2("Ballastwider-
                stand(Bremswiderstand)"));
  confstromrichter.add(new StromrichterEntry2("Transistorschalter"));
  fileStromrichter.add(confstromrichter);
  fileStromrichter.add(new StromrichterEntry2("gesteuerter
  Stromrichtersatz(lastgeführter Wechselrichter) zur Energie-
                rueckspeisung"));
  fileStromrichter.add(new StromrichterEntry2("Transformator
                (Stromrichtertrafo)"));
  fileStromrichter.add(new StromrichterEntry2("Regler des
  Frequenzumrichters verbunden mit der Asynchronmaschine"));
  fileStromrichter.add(new StromrichterEntry2("Asynchronma-
                schine mit Schleifringlaeufer"));
  fileStromrichter.accept(new StromrichterPrintAnwendung());
 }
```

Listing 6.1.3.1e Hauptprogramm Klasse Spannungskreis

Listing 6.1.3.1f : Ausgabe des Programmes der Struktur der untersynchronen Stromrichterkaskade
Start Spannungszwischenkreis.java @ 17.09.15 06:34:10
untersynchrone Stromrichterkaskade
Drehstromnetz
ungesteuerter Gleichrichter(Stromrichterschaltung mit Dioden)
Spannungszwischenkreis
Glaettungsdrossel
Speicherkondensator
Ballastwiderstand(Bremswiderstand)
Transistorschalter
Terminated Spannungszwischenkreis.java [runtime = 3,711]

Listings 6.1.3.1a–f geben einen Überblick über die Darstellung der Datenstruktur mit Verzeichnissen und Unterverzeichnissen der Funktionalität der untersynchronen Stromrichterkaskade. Dies stellt das Durchlaufen und Verarbeiten der Datenstruktur mit Hilfe von Operationen des Design Patterns „Visitor" dar. Das Design Pattern ist ein Programm, welches Datenstrukturen mit Verarbeitungsalgorithmen verbindet. Das Prinzip dieses Design Patterns ist es, dass Objekte der Objektstruktur Instanzen unterschiedlicher Klassen sein können (Krüger und Hansen 2014; Goll und Dausmann 2013; Metsker 2002). Hierbei zeigt das Listing 6.1.3.1.a, wie das Interface *Stromrichteranwendung* (*Visitor*) drei Methoden definiert, welche beim Durchlaufen der Datenstruktur aufgerufen werden: *antriebStromrichterEntry(StromrichterEntry2 entry)*, *antriebStromrichterStarted(Stromrichter2 stromrichter)* und *antriebStromrichterEnded(Stromrichter2 stromrichter)* sind abstrakte Methoden, die die Funktionalität der untersynchronen Stromrichterkaskade entwerfen. Das Wichtigste bei diesem Design Pattern ist, dass die untergeordneten Klassen wie z. B. *StromrichterEntry2* (siehe Listing 6.1.3.1b) und *Stromrichter2* (siehe Listing 6.1.3.1c) zugängliche Attribute enthalten. Die Basisklasse der Datenstruktur d. h. die Klasse StromrichterEntry2 (siehe Listing 6.1.3.1b) enthält die Methode *accept(Stromrichteranwendung antriebsanwendung)*, welche ein *Visitor*-Objekt enthält. Diese Methode ruft die Methode *antriebStromrichterEntry(StromrichterEntry2 entry)* des Interfaces Stromrichteranwendung d. h. des *Visitors* (siehe Listing 6.1.3.1c) auf. In der abgeleiteten Klasse *Stromrichter2* der Basisklasse *StromrichterEntry2* ist die Methode *accept(Stromrichteranwendung antriebsanwendung)* überlagert worden, weil für die *Stromrichter2* die abstrakte Methode *antriebStromrichterEntry(StromrichterEntry2 entry)* des Interface (*Visitors*) *Stromrichteranwendung* zur Verfügung steht (siehe Listing 6.1.3.1a und

6.1.3.1c–d). Listing 6.1.3.1d zeigt, dass die *accept-Methoden antriebsanwendung.antriebsStromrichterStarted(this)* und *antriebsanwendung.antriebsStromrichterEnded(this)* bezüglich der Elemente „*drossel*" und „*stromrichter*" aufgerufen werden.

Die Klasse *StromrichterPrintAnwendung* des Listings 6.1.3.1d stellt einen konkreten *Visitor* bezüglich der Implementierung der Funktionalität in den Aufrufen der drei Methoden des Interface *Stromrichteranwendung* des Listings 6.1.3.1a dar. Diese drei Methoden sind abstrakt: *antriebStromrichterEntry(StromrichterEntry2 entry)*, *antriebStromrichterStarted(Stromrichter2 stromrichter)* und *antriebStromrichterEnded(Stromrichter2 stromrichter)*.

Das Listing 6.1.3.1a zeigt, dass das Interface *Stromrichteranwendung* den abstrakten *Visitor* für Menüregistrierung darstellt. Die Methode *antriebStromrichterEntry(StromrichterEntry2 entry)* wird bei jedem Durchlauf des *StromrichterEntry2*-Objekts wie z.B. *asynchronmaschine* aufgerufen. Während die Methoden *antriebStromrichterStarted(Stromrichter2 stromrichter)* und *antriebStromrichterEnded(Stromrichter2 stromrichter)* zu Anfang bzw. zum Schluss des Besuchs des *Stromrichter2*-Objekts wie z.B. *entryCnt* oder *maxElements* aufgerufen werden. Beim Listing 6.1.3.1.b wird *accept* der Basisklasse *StromrichterEntry2* die Methode *antriebStromrichterEntry* aufgerufen. Es ist zu bemerken, dass die Klasse *Stromrichter2* als Container den Aufruf der Methode *antriebStromrichterEntry* ermöglicht und ihn in drei Stufen zerlegt. Am Anfang wird die Methode *antriebStromrichterStarted* aufgerufen, wobei ein Stromrichterdurchlauf startet. Anschließend wird mithilfe des Aufrufes der Methode *antriebStromrichterEnded* der Schluss des Stromrichterdurchlaufes angezeigt (siehe Listing 1.6.3.1c).

Beim Implementieren jeder Operation wird ein konkreter *Visitor* wie die Klasse *StromrichterPrintAnwendung* (Listing 1.6.3.1c) definiert. Hierbei implementiert diese Klasse die benötigte Funktionalität in den Aufrufen der drei Methoden: *antriebStromrichterEntry(StromrichterEntry2 entry)*, *antriebStromrichterStarted-(Stromrichter2 stromrichter)* und *antriebStromrichterEnded(Stromrichter2 stromrichter)*. Also hat die Klasse *StromrichterPrintAnwendung* als konkreter *Visitor* die Aufgabe, ein Stromrichter mit allen Komponenten auszugeben. Das Listing 6.1.3.1f zeigt die Aufgabe des Programmes der Struktur der untersynchronen Stromrichterkaskade. Hierbei werden die Elemente des Stromrichters zeilenweise und bezüglich der Schachtelung seiner Teile z.B. Glättungsdrossel, Speicherkondensator, Ballastwiderstand und Transistorschalter für den ungesteuerten Gleichrichter ausgegeben. Der gesteuerte Stromrichtersatz beim lastgeführten Wechselrichter gibt bezüglich der Energierückspeisung zwei Elemente aus: Transformator (Stromrichtertransformator) und Steuersatz verbunden mit der Asynchronmaschine (siehe Listings 6.1.3.1e–f).

Listings 6.1.3.1e–f zeigen, dass dieser Zwischenkreisumrichter aus drei wesentlichen Elementen besteht: dem ungesteuerten oder gesteuerten netzgeführten Stromrichter (Gleichrichter), einem Spannungskreis und einem lastgeführten Wechselrichter. Entscheidend ist, dass dieser Spannungszwischenkreis (siehe Listings 6.1.3.1e–f) den netzgeführten Stromrichter vom lastgeführten Stromrichter entkoppelt. Der Vorteil liegt darin, dass beide Komponenten unabhängig arbeiten können.

Listings 6.1.3.1e–f geben einen Überblick über einen Frequenzumrichter mit Spannungskreis. Wichtige Elemente sind unter anderem Drehstromnetz, Gleichrichter, Zwischenkreis mit Kondensator und Glättungsdrossel, Wechselrichter, Steuergerät und Asynchronmaschine. Das Steuergerät ist mit den Komponenten des Frequenzumrichters verbunden. Mithilfe dieses Frequenzumrichters können Frequenz, Drehzahl, Spannung, Strom, Hochlauframpe, Bremsrampe und Spannungsfrequenz-Kennlinie parametrisiert werden. Es ist zu bemerken, dass die Listings 6.1.3.1e–f einen Zwischenkreis als „Puffer-Struktur" zur Trennung von zwei Arten von Netzen darstellen: *Eingangsnetz* und *Ausgangsnetz* sind mit netzgeführten Stromrichter bzw. lastgeführten Stromrichter verbunden. Das Eingangsnetz besteht aus der konstanten Wechselspannung U_1, der Frequenz f_1, und der Phasenzahl m_1. Mit diesen Komponenten produziert der netzgeführte Stromrichter eine konstante Spannung oder Gleichspannung, aus welcher der lastgeführte Stromrichter als Wechselrichter verbunden mit dem Ausgangsnetz in eine Wechselspannung U_2, eine Frequenz f_2, und eine Phasenzahl m_2 umwandelt.

6.1.3.2 Testprotokoll für den energieeffizienten Asynchronmotor

Die Ermittlung des Drehmomentes über Läuferleistung und Läuferdrehzahl hat den Vorteil, dass bei der Analyse des Drehmomentes für verschiedene Betriebspunkte nur die Läuferleistung variiert, während die Läuferdrehzahl eine invariable Größe darstellt (Spring 2009). Die Berechnung des Drehmomentes M mit Hilfe der Gl. 6.8 ermöglicht die Ermittlung des Wirkungsgrades η und der Drehzahl n. Die Gl. 6.6–6.8 sind aus der Drehmomentgleichung abgeleitet worden (siehe Gl. 5.2) d. h. $M = \dfrac{P_{mech}}{2 * \pi * n} = \dfrac{P_{auf}}{2 * \pi * nd}$. Die Gl. 6.8 zeigt, dass der Wirkungsgrad η proportional zu der Läuferdrehzahl n ist und damit eine Funktion der Drehzahl n darstellt. Hierbei wird die Inverse der synchronen Drehzahl n_d als konstant angenommen.

$$\frac{nd}{n} = \frac{P_{mech}}{P\delta} \tag{6.6}$$

$$\eta = \frac{n}{nd} = \frac{P_{mech}}{P\delta} \qquad (6.7)$$

$$\eta = \frac{1}{nd} \times n \qquad (6.8)$$

Mit Hilfe der Gl. 6.8 wird der Wirkungsgrad im Bereich $0 \leq n < nd$ ermittelt. In diesem Bereich steigt der Wirkungsgrad η proportional zur der Läuferdrehzahl n.

Mit Hilfe der Informatik bezüglich der GUI-Programmierung kann das Betriebsverhalten von Asynchronmaschinen analysiert werden. Hierbei wird eine bestimmte Drehzahl betrachtet (siehe Gl. 6.1). Mit Hilfe dieser wird der Motorschlupf bestimmt, womit die Luftspaltleistung ermittelt wird (siehe Gl. 6.3).

Gemäß Gl. 6.8 entspricht der Wirkwiderstand auf dem Läufer der Luftspaltleistung P_{δ}. Diese Leistung ermöglicht sowohl die Berechnung des Motorwirkungsgrades η als auch der mechanischen Leistung P_{mech} (siehe Gl. 6.7 und 6.8). Die Bestimmung des an der Welle der Asynchronmaschine abgegebenen Drehmomentes M hängt von der mechanischen Leistung P_{mech} und der Läuferdrehzahl n oder vom Schlupf s ab (siehe Gl. 6.6). Beim Stillstand mit $s = 1$ gemäß der Gl. 6.2 gibt die Maschine keine mechanische Leistung P_{mech} ab, weil die Winkelgeschwindigkeit Ω Null ist (Peier 2011). Infolgedessen wird die Luftspaltleistung P_{δ} vollständig in Rotorverlustleistung P_{vr} umgesetzt, vorausgesetzt dass die Reibungsverluste P_{vR} vernachlässigbar sind. In der Praxis ist der Grenzwert des Schlupfs $s = 0$ nicht für den notwendigen asynchronen Betrieb erreichbar. Sonst wird gemäß der Gl. 6.4 der Wirkungsgrad $\eta = 1$. Das ist nur eine theoretische Erklärung. Eigentlich soll der Schlupfwert für einen realen Asynchronmotor zwischen 0.01 und 0.1 liegen (Peier 2011). Es ist zu bemerken, dass beim Stillstand mit $s = 0$ der Luftspaltleistungswert unendlich ist, d. h. $P_{\delta} \equiv \frac{R's}{s} = \infty$ und der Rotorstrom $I'_r = 0$ für $s = 0$.

Die Tab. 6.2 und 6.3 geben einen Überblick sowohl über die Normierung des Asynchronmotors hinsichtlich der Betriebskenngrößen als auch über den Auftritt positiver Leistungen im Motorbetrieb aufgrund des Schlupfbereiches $-\infty < s + \infty$.

Die Anwendung der Informatik mit Hilfe der objektorientierten Programmierung in der Berechnung des Betriebsverhaltens des Motors ermöglicht die Implementierung von wichtigen Klassen wie z. B. der Klasse *AsynMotor* oder des Interface *Betrieb*. Hierbei werden sowohl die Klasse AsynMotor als auch das Interface *Betrieb* in den Klassen *Leistungskennlinie, Momentkennlinie* und *Motorkennlinie* implementiert (siehe Listings 6.1.3.2a–f). Diese Klassen geben einen Überblick über die Charakterisierung des Asynchronmotors bezüglich seiner Betriebskenngrößen wie mechanischer Leistung, Luftspaltleistung, Drehzahl, Leistungsfaktor, Wirkungsgrad, Schlupf und Drehmoment. Diese charakterisierenden Größen des

Tab. 6.2 Normierte Betriebskenngrößen

Normierte Betriebskenngrößen	Normierte Luftspaltleistung Normiertes Drehmoment	Normierte mechanische Leistung	Normierte Läuferverlustleistung
Mechanische Leistung P_{mech} Spaltleistung P_δ Kippspaltleistung $P_{\delta K}$ Drehmoment M Kippdrehmoment M_K Schlupf s Läuferverlustleistung P_{vr}	$\dfrac{P\delta}{P\delta K} = \dfrac{M}{MK}$	$\dfrac{P_{mech}}{P\delta K} = \left(1-s\right)\dfrac{P\delta}{P\delta K}$	$\dfrac{P_{vr}}{P\delta K} = \dfrac{P\delta}{P\delta K} - \dfrac{P_{mech}}{P\delta K}$

Tab. 6.3 Auftritt der positiven Leistungen im Motorbetrieb

Leistungen	Interpretation für den Motorbetrieb	Kenngrößen
$P\delta > 0$	Zufuhr elektrischer Leistung	Schlupf s
$P_{mech} > 0$	Abgabe elektrischer Leistung	Mechanische Leistung P_{mech} Spaltleistung $P\delta$
$P_{mech} = \left(1-s\right)P\delta$	Der Schlupf beeinflusst den Wert der Leistungen	
$P\delta = \dfrac{Pmech}{1-s}$		

Einfluss des Motorschlupfs

Asynchronmotors werden mithilfe der Informatik bezüglich der Nutzung der Delegate-Klasse *Asynmotor* und des Interface *Betrieb (Delegator-Klasse)* ermittelt, um Einsparpotenziale bei dem Asynchronmotor zu erzielen.

Dank der objektorientierten Programmierung wird die Softwaren als Objekt betrachtet (Krypczyk und Bochkor 2015). Hierbei verfügen sie über Eigenschaften, welche sie bezüglich des Betriebsverhaltens des Asynchronmotors charakterisieren. Listings 6.1.3.2a–g zeigen, dass Objekte wie Drehzahl, Leistung, Schlupf, Wirkungsgrad oder Drehmoment miteinander kommunizieren und in einer Beziehung zueinander stehen. Mit Hilfe der Attribute d. h. Eigenschaften stellt der Asynchronmotor ein komplexes Objekt dar. Die Charakterisierung des Asynchronmotors mit Hilfe der Informatik beruht auf der Analyse der Daten der Objekte. Das Programmieren der Daten des Asynchronmotors fokussiert auf die Ausführung von wichtigen Funktionen wie z. B. *drehmoment()* oder *verluste()* bezüglich der Analyse des Betriebsverhaltens des Motors. Die genannten Methoden werden von der Klasse *AsynMotor* implementiert (siehe Listing 6.1.3.2a). Diese Implementierung stellt die Charakterisierung des Asynchronmotors mittels des Design-Pattern-Konzepts dar. Dank des Prinzips des *Delegate*-Patterns erhält die Klasse *AsynMotor* einen Verweis auf ein Interface-Objekt d. h. *betrieb* (siehe Konstruktor der Klasse *AsynMotor* beim Listing 6.1.3.2a), über das sie die Callback-Methoden wie z. B. kippmoment(**double** mechaleistung, **double** syndrehzahl), drehzahl(**double** schlupf, **double** syndrehzahl), mechaleistung(), schlupf(), rotorverlust(**double** spaltleistung, **double** schlupf), spaltleistung(**double** rotorverlust, **double** schlupf), wirkungsgrad(**double** schlupf) und *syndrehzahl()* der delegierenden Klasse *Leistungskennlinie* und *Momentkennlinie*, welche die *Delegate*-Klasse *AsynMotor* verwenden, um das Testprotokoll des Asynchronmotors zu erstellen. Das Listing 6.1.3.2f stellt die Ausgabe des Programmes als Testprotokoll für den energieeffizienten Asynchronmotor dar. Hierbei ist zu bemerken, dass das Konzept der objektorientierten Programmierung bezüglich der Kapselung, Sichtbarkeit, Vererbung und Polymorphie in der Realisierung der Einsparpotenziale für den Asynchronmotor angewendet ist. Das Zeichen der Kapselung für das Betriebsverhalten des Motors ist mit der Struktur des *Delegate-Delagator-Design-Patterns* nachgewiesen. Der *Delagtor AsynMotor* ist eine Klasse, die Dienste der Objekte der Klassen *Leistungskennlinie* und *Momentkennlinie*, aus denen sie nicht abgeleitet ist, verwendet. Die Objekte der Klassen *Leistungskennlinie* und *Momentkennlinie* stellen die Daten und Funktionen dar. In der Praxis ist zu beachten, dass die Klasse *AsynMotor* den Asynchronmotor bezüglich des Betriebsverhaltens als Objekt darstellt. Dieser Asynchronmotor enthält die folgenden Eigenschaften bezüglich des Testprotokolls:

► **Testprotokoll**
   Die Drehzahl des Läufers ist: 3000.0 Umdrehungen pro Minute
   Die mechanische Leistung ist: 8000.0 Watt
   Das Kippmoment ist: 1.2732395447351628
   Der Wirkungsgrad des Motors ist: 0.95
   Die Verlustleistung in der Läuferwicklung ist: 399.95 Watt
   Die aufgenommene Leistung in der Läuferwicklung ist: 7999.95 Watt

Gemäß Listing 6.1.3.2a verfügt dieser Asynchronmotor über die Fähigkeit oder Methoden zur Ermittlung des Drehmomentes und der Verluste.

```
public class AsynMotor
{
  private Betrieb betrieb;
  public static double spaltleistung;
  public static double kippmoment;
  public static double syndrehzahl;
```

```
public static double rotorverlust;
public static double drehzahl;
public static double mechaleistung;
public static double schlupf;
public static double wirkungsgrad;
public AsynMotor(Betrieb betrieb)
{
  this.betrieb = betrieb;
}
public static void drehmoment()
{
  System.out.println(" Die Drehzahl des Laeufers ist: " +
                  drehzahl + " Umdrehungen pro Minute");
  System.out.println("Die mechanische Leistung ist: " + mechaleistung
                                          + " Watt ");
}
public static void verlust()
{
  System.out.println("Der Wirkungsgrad des Motors: " + wirkungsgrad);
  System.out.println("Die Verlustleistung in der Laeuferwick-
                  lung ist: " + rotorverlust + " Watt ");
}
}
```

Listing 6.1.3.2a Implementierung der Delegate-Klasse *AsynMotor*

```
public interface Betrieb
{
  public double kippmoment(double mechaleistung, double syndrehzahl);
  public double drehzahl(double schlupf, double syndrehzahl) ;
  public double mechaleistung();
  public double schlupf() ;
  public double rotorverlust(double spaltleistung, double schlupf) ;
  public double spaltleistung(double rotorverlust, double schlupf) ;
  public double wirkungsgrad(double schlupf);
  public double syndrehzahl() ;
}
```

Listing 6.1.3.2b Verwendung des Interface *Betrieb als* Delegator-Klasse

```java
public class Leistungskennlinie implements Betrieb
{
 private AsynMotor asynmotor;
 public double kippmoment;
 public double drehzahl;
 public static double mechaleistung;
 public static double rotorverlust;
 public static double spaltleistung;
 public static double schlupf;
 public static double wirkungsgrad;
 public double syndrehzahl;
 public Leistungskennlinie()
 {
  setAsynmotor(new AsynMotor(this));
 }
 public AsynMotor getAsynmotor()
 {
  return asynmotor;
 }
 public void setAsynmotor(AsynMotor asynmotor)
 {
  this.asynmotor = asynmotor;
 }
 public double kippmoment() {
  return 3* mechaleistung /( 2*java.lang.Math.PI*syndrehzahl);
 }
 public double drehzahl()
 {
  return syndrehzahl - syndrehzahl*schlupf;
 }
 public double mechaleistung() {
  return 80000;
 }
 public double schlupf() {
  return 0.05;
 }
 public double rotorverlust()
 {
  return mechaleistung * schlupf / 1 - schlupf;
 }
```

```
public double spaltleistung() {
 return mechaleistung / 1- schlupf;
}
public double wirkungsgrad()
{
 return 1 - schlupf;
}
public double syndrehzahl()
{
 return 3000;
}
 public void verlust()
 { mechaleistung = 8000;
  schlupf = 0.05;
  wirkungsgrad = 1- schlupf;
  rotorverlust = mechaleistung * schlupf / 1 - schlupf;
  spaltleistung = mechaleistung / 1- schlupf;
  System.out.println("Der Wirkungsgrad des Motors: " + wir-
                                         kungsgrad);
  System.out.println("Die Verlustleistung in der Laeufer-
             wicklung ist: " + rotorverlust + " Watt ");
  System.out.println("Die aufgenommene Leistung in der Laeu-
             ferwicklung ist: " + spaltleistung + " Watt ");
 }
@Override
public double drehzahl(double schlupf, double syndrehzahl)
{
 return syndrehzahl - syndrehzahl*schlupf;
}
@Override
public double kippmoment(double mechaleistung, double syndrehzahl)
{
 return 3* mechaleistung /( 2*java.lang.Math.PI*syndrehzahl);
}
@Override
public double rotorverlust(double spaltleistung, double schlupf)
{
 return mechaleistung * schlupf / 1 - schlupf;
}
@Override
```

```java
public double spaltleistung(double rotorverlust, double schlupf)
{
 return mechaleistung / 1- schlupf;
}
@Override
public double wirkungsgrad(double schlupf)
{
 return 1- schlupf;
}
}
```

Listing 6.1.3.2c Implementierung des Interface durch die Klasse *Leistungskennlinie*

```java
public class Momentkennlinie implements Betrieb
{
 @Override
 public double drehzahl(double schlupf, double syndrehzahl)
 {
  return syndrehzahl - syndrehzahl*schlupf;
 }
 @Override
 public double kippmoment(double mechaleistung, double syndrehzahl)
 {
  return 3* mechaleistung /( 2*java.lang.Math.PI*syndrehzahl);
 }
 @Override
 public double rotorverlust(double spaltleistung, double schlupf)
 {
  return spaltleistung * schlupf;
 }
 @Override
 public double spaltleistung(double rotorverlust, double schlupf)
 {
  return mechaleistung / 1- schlupf;
 }
 @Override
 public double wirkungsgrad(double schlupf)
 {
  return 1- schlupf;
 }
```

```java
private AsynMotor asynmotor;
public static double spaltleistung;
public static double kippmoment;
public static double syndrehzahl;
public static double rotorverlust;
public static double drehzahl;
public static double mechaleistung;
public static double schlupf;
public static double wirkungsgrad;
public Momentkennlinie()
{
  setAsynmotor(new AsynMotor(this));
}
public AsynMotor getAsynmotor()
{
  return asynmotor;
}
public void setAsynmotor(AsynMotor asynmotor)
{
  this.asynmotor = asynmotor;
}
public void drehmoment()
{
  mechaleistung = 8000;
  syndrehzahl = 3000;
  drehzahl = syndrehzahl - syndrehzahl*schlupf;
  kippmoment = 3* mechaleistung /( 2*java.lang.Math.PI*syndrehzahl);
  System.out.println(" Testprotokoll für den energieeffizien-
                                  ten Asynchronmotor");
  System.out.println(" -------------------------------------
                                  ---------------");
  System.out.println("Die Drehzahl des Laeufers ist : " +
                  drehzahl + " Umdrehungen pro Minute");
  System.out.println("Die mechanische Leistung ist : " + mechaleis-
                                  tung + " Watt ");
  System.out.println("Das Kippmoment ist : " + kippmoment + "
                                  Newton.Meter");
  System.out.println(" -------------------------------------
                                  ---------------");
}
```

```java
public double kippmoment()
{
 return 3* mechaleistung /( 2*java.lang.Math.PI*syndrehzahl);
}
public double syndrehzahl()
  {
   return 3000;
  }
public double drehzahl()
{
 return syndrehzahl - syndrehzahl*schlupf;
}
public double mechaleistung()
{
 return 80000;
}
public double schlupf()
{
   return 0.05;
}
public double rotorverlust()
{
   return spaltleistung * schlupf;
}
 public double spaltleistung() {
  return mechaleistung / 1- schlupf;
  }
 public double wirkungsgrad() {
  return 1- schlupf;
  }
}
```

Listing 6.1.3.2d Implementierung des Interface *Betrieb* durch die Klasse *Momentkennlinie*

```java
public class Motorkennlinie extends AsynMotor
{
 public Motorkennlinie(Betrieb betrieb)
 {
  super(betrieb);
```

```
}

public static void main(String[] args)
{
    // TODO Auto-generated method stub
    Momentkennlinie momentkennlinie = new Momentkennlinie();
    momentkennlinie.Drehmoment();
    Leistungskennlinie leistungskennlinie = new Leistungskenn-
                                                 linie();

    leistungskennlinie.Verlust();
}
}
```

Listing 6.1.3.2e Implementierung der Klasse *Delegate-Klasse* AsynMotor in der Haupt-klasse Motorkennlinie

Listing 6.1.3.2f Ausgabe des Programmes als Testprotokoll für den energieeffizienten Asynchronmotor

Start Motorkennlinie.java @ 20.09.15 21:03:22

Testprotokoll für den energieeffizienten Asynchronmotor

Die Drehzahl des Laeufers ist: 3000.0 Umdrehungen pro Minute
Die mechanische Leistung ist: 8000.0 Watt.
Das Kippmoment ist: 1.2732395447351628 Newton Meter.

Der Wirkungsgrad des Motors ist: 0.95
Die Verlustleistung in der Laeuferwicklung ist: 399.95 Watt
Die aufgenommene Leistung in der Laeuferwicklung ist: 7999.95 Watt
Terminated Motorkennlinie.java [runtime = 11,847]

6.2   Anwendungen der abstrakten Klasse und Schnittstellen zur Ermittlung der Energieverluste des Asynchronmotors

Der Wirkleistungsfluss in einer Schleifringläufermaschine sagt aus, dass die aus dem Netz aufgenommene Wirkleistung P_{auf} ohne Abzug als Luftspaltleistung P_δ auf den Läufer übergeben werden muss. Hierbei wird der Verlustwiderstand des Ständers vernachlässigt. Im Läufer zerlegt sich die Luftspaltleistung P_δ in die Rotorverlustleistung P_{vr} und ebenfalls in Reibungsverluste P_{vR} und in die mechanische Leistung P_{mech} mithilfe der Gl. 6.9

$$P_{auf} = P\delta = Pvr + PvR + P_{mech} \qquad (6.9)$$

Die Gl. 6.10 zeigt, dass bei konstanter Luftspaltleistung P_δ die Summe von der mechanischen Leistung P_{mech} und der an den Schleifringen abgegebenen elektrischen Leistung P_{el} ebenfalls mithilfe der Gl. 6.10 konstant ist.

$$P\delta = P_{mech} + P_{el} \qquad (6.10)$$

Die Gl. 6.10 sagt aus, dass die mechanische Leistung P_{mech} und die Drehzahl n sinken, wenn dem Läufer elektrische Leistung P_{el} entzogen wird.

Die Rotorkreiswiderstände der Asynchronmaschine sind bei konstanter Ständerspannung durch denselben Strom belastet. Die Gl. 6.11 zeigt, wie der schlupfabhängige Widerstandsterm zerlegt werden kann, so dass der schlupfunabhängige Rotorverlustwiderstand explizit auftritt.

$$\frac{R's}{s} = R'r + R'r\frac{1-s}{s} \qquad (6.11)$$

Beim Vergleichen der Gl. 6.9 und 6.10 sind die folgenden Entsprechungen anwendbar:

$$P_{auf} = P\delta \equiv \frac{R's}{s} \qquad (6.12)$$

$$P_{vr} \equiv R'r \qquad (6.13)$$

$$P_{vR} + P_{mech} \equiv R'r\frac{1-s}{s} \qquad (6.14)$$

Bei Zusammenfassung der Gl. 6.11–6.14f und Vernachlässigung der Reibungsverluste P_{vR} folgen der Widerstand η und der Schlupf s im Motorbetrieb wegen gleichen Stromes in allen Widerständen:

$$\eta = \frac{P_{mech}}{P\delta} = \frac{R'r\dfrac{1-s}{s}}{\dfrac{R's}{s}} \qquad (6.15)$$

$$\eta = 1-s \qquad (6.16)$$

Beim Analysieren der Gl. 6.15 und 6.16 ist zu bemerken, dass der Wirkungsgrad η umso kleiner ist, je kleiner der Schlupf s ist. Der Schlupf ist eine wichtige Betriebskenngröße der Asynchronmaschine und gibt das Zurückbleiben des Läufers hinter dem Drehfeld als relative Zahl an (Felderhoff 2014).

6.2.1 Nutzung der abstrakten Klasse zur Analyse des Betriebsverhaltens der Asynchronmaschine

Der Sinn der Anwendung der abstrakten Klasse in der Energietechnik liegt darin, die Aufgaben der Unterklassen dieser abstrakten Klasse mithilfe eines Designs zu erfüllen. Die abstrakte Klasse *Asynchronmotorbetrachtung* des Listings 6.2.1a definiert nur „Informationen", die alle ihre Unterklassen bearbeiten müssen. Das Listing 6.2.1a zeigt deutlich, dass die Klasse *Asynchronmotorbetrachtung* abstrakt ist. Syntaktisch ist die abstrakte Klasse durch das Schlüsselwort *abstract* gekennzeichnet. Es ist zu bemerken, dass die Klasse *Asynchronmotorbetrachtung* nicht instanziert wird, weil sie Elemente enthält, die nicht implementiert werden. Deswegen wird die Klasse *Asynchronmotorbetrachtung* abgeleitet und in den abgeleiteten Klassen werden abstrakte Methoden implementiert (siehe Listings 6.2.1b–d). Das Ziel der Nutzung der abstrakten Klasse ist es, Mutterklassen mit ihren Eigenschaften und Verhalten bezüglich der Vererbung zu implementieren.

Listings 6.2.1a–d zeigen die Implementierung der Klassen *Asynchronmotorbetrachtung, Energieverlust, Frequenzbetrachtung* und *Leistungsdifferenz* zur Realisierung von Einsparpotenzial bei Asynchronmotoren. Außerdem wird die Klasse *Verlustberechnung* als Hauptprogramm definiert, indem die Energieverluste ermittelt werden (siehe Listings 6.2.1e–f). Das Listing 6.2.1e zeigt ein Array *rotorverlust, dass* mit konkreten Subtypen der Klasse *Asynchronmotorbetrachtung* gefüllt ist. Hierbei werden durch Aufruf von *rotorverlust* () für alle Elemente des Arrays *rotorverlust* die Energieverluste bezüglich des Rotors ermittelt.

```
package Betriebsverhalten;
abstract public class Asynchronmotorbetrachtung
{
  String maschinebetrieb;
  int kenngroesse;
  String Stromrichterart;
  public abstract double rotorverlust();
}
```

Listing 6.2.1a Abstrakte Klasse *Asynchronmotorbetrachtung* zum Verständnis des Betriebsverhaltens des Motors

```
package Betriebsverhalten;
public class Energieverlust extends Asynchronmotorbetrachtung
{
 double spaltleistung;
 int synchronedrehzahl;
 int drehzahl;
 @Override
 public double rotorverlust()
 {
  return spaltleistung / 3 * (1- drehzahl / synchronedrehzahl);
 }
}
```

Listing 6.2.1b Implementierung der abstrakten klasse *Asynchronmotorbetrachtung* durch die Klasse *Energieverlust*

```
package Betriebsverhalten;
public class Frequenzbetrachtung extends Asynchronmotorbe-
                                                   trachtung
{
 double berechnendefrequenz;
 double netzfrequenz;
 double abgegebeneleistung;
 public double berechnendefrequenz()
 {
  return 35.0;
 }
 public double netzfrequenz()
 {
  return 50.0;
 }
 public double abgegebeneleistung()
 {
  return 4400.0;
 }
 @Override
 public double rotorverlust()
```

```
{
  return abgegebeneleistung*(berechnendefrequenz / netzfrequenz);
}
}
```

Listing 6.2.1c Implementierung der abstrakten klasse *Asynchronmotorbetrachtung* durch die Klasse *Frequenzbetrachtung*

```
package Betriebsverhalten;
public class Leistungsdifferenz extends Asynchronmotorbe-
                                                  trachtung
{
 double spannung;
 double strom;
 double wirkungsgrad;
 double leistungsfaktor;
 double schlupf;
 double spaltleistung;
 public double spannung()
 {
   return 400.0;
 }
 public double strom()
 {
   return 8.8;
 }
 public double wirkungsgrad()
 {
   return 0.95;
 }
 public double leistungsfaktor()
 {
   return 0.85;
 }
public double schlupf()
{ return 1-wirkungsgrad;
}
public double spaltleistung()
{
 return spannung*strom*Math.sqrt(3)*leistungsfaktor;
```

```
}
 @Override
 public double rotorverlust()
 {
  return spaltleistung*schlupf;
 }
}
```

Listing 6.2.1d Implementierung der abstrakten klasse *Asynchronmotorbetrachtung* durch die Klasse *Leistungsdifferenz*

```
package Betriebsverhalten;
public class Verlustberechnung
{
 private static final int versuch= 3;
 private static double motorverlust;
 private static Asynchronmotorbetrachtung [] rotorverlust;
public static void main(String [] args)
{
 rotorverlust = new Asynchronmotorbetrachtung[versuch];
 rotorverlust[0] = new Energieverlust();
 rotorverlust[1] = new Leistungsdifferenz();
 rotorverlust[2] = new Frequenzbetrachtung();
 for(int i = 0; i<rotorverlust.length; ++i)
 {
   motorverlust= rotorverlust[i].hashCode();
   System.out.println(" Energieverlust ist: " + motorverlust
                                            + " Watt " );
 }
}
}
```

Listing 6.2.1e   Klasse *Verlustberechnung* als Hauptprogramm

Listing 6.2.1f Ausgabe des Programms zur Analyse der Energieverluste
Start Verlustberechnung.java @ 17.09.15 09:49:37
    Energieverlust ist: 1.4748992E7 Watt
    Energieverlust ist: 1.9729454E7 Watt
    Energieverlust ist: 8046224.0 Watt
    Terminated Verlustberechnung.java [runtime=2,167]

6.2.2 Schnittstellen zur Analyse der Verluste

Aufgrund der aktuell erhöhten Energiekosten sind die Verluste bei den Asynchronmaschinen ernsthaft zu betrachten. Die Ermittlung der Verluste und des Wirkungsgrades werden mithilfe der Leistungsmessung ermöglicht. Hierbei beruht die Analyse der Verluste P_v auf der Berechnung der Differenz zwischen der Spaltleistung P_δ und der mechanischen Leistung P_{mech}: Diese Differenz stellt die Analyse der Verlustleitung bezüglich der Asynchronmotoren dar.

$$Pv = P\delta - P_{mech} \qquad (6.17)$$

P_δ ist die aufgenommene Leistung und P_{mech} die abgegebene Leistung – während die Verlustleistung P_v, die Reibungsverluste P_{vR} und die Rotorverluste P_{vr} mit der Gl. 6.18. die Verluste umfassen.

$$Pv = P_{vR} + P_{vr} \qquad (6.18)$$

In der Realität besteht die Verlustleistung P_v aus der Stromwärmeverlustleistung in der Ständer- und Läuferwicklung (P_{Cu1} bzw. P_{Cu2}), aus der Eisenverlustleistung im Ständer- und Läufereisen (P_{Fe1} und P_{Fe2}) und aus der Reibungsverlustleistung P_{vR}, welche die Lager- und die Luftreibungsverluste umfasst. Die Gl. 6.19 gibt einen Überblick über die Summe aller Verluste im Motor.

$$Pv = P_{vR} + \left(\left(P_{Cu1} + P_{Fe1} \right) + \left(P_{Cu2} + PFe2 \right) \right) \qquad (6.19)$$

Die Analyse der Gl. 6.19 wird mithilfe der Leistungsverhältnisse im Motor dargestellt. Am Anfang wird die elektrische Leistung P_{el} oder aufgenommene Leistung P_{auf} aus dem Netz betrachtet. Der Motor nimmt diese Wirkleistung, welche ohne Abzug als Spaltleistung P_δ auf den Läufer übergeht. Die Spaltleistung P_δ stellt die Puffer-Leistung zwischen Stator und Rotor bezüglich der Stromwärmeleistung und Eisenverlustleistung dar. Es ist zu bemerken, dass die Reibungsverluste nur im Rotor entstehen. Am Ende des Leistungsflusses steht der Rest der Leistungen als mechanische Leistung P_{mech} oder abgegebene Leistung P_{ab}.

Die Analyse der Gl. 6.17–6.18 zeigt, dass die mechanische Leistung eine wichtige Rolle bei der Berechnung der Verlustleistung spielt. Mit Hilfe von Rotorstrom, Rotorspulenwirkwiderstand, Motorschlupf und mechanischer Leistung werden die Reibungsverluste berechnet. Die Gl. 6.20 stellt die praktische Betrachtung der Reibungsverluste bezüglich der Rotorelemente wie s und R'_r und der mechanischen Leistung P_{mech} dar.

$$P_{vR} = R'r\frac{1-s}{s} - P_{mech} \qquad (6.20)$$

Die Gl. 6.13 stellt die Rotorverlustleistung als Rotorspulenwirkwiderstand R'_r dar. Mit Hilfe von Gl. 6.11–6.13 wird die Verlustleistung P_v zusammengefasst. Es gilt:

$$Pv = \left(R'r\frac{1-s}{s} - P_{mech} \right) + R'r \qquad (6.21)$$

Die Gl. 6.20 sagt aus, dass die Reibungsverlustleistung P_{vR} von dem Motorschlupf s d. h. von der Drehzahl abhängig ist. Bei der Berechnung der Reibungsverluste P_{vR} wird die mechanische Leistung abgezogen. Außerdem ist der Rotorspulenwirkwiderstand R'_r auch bei der Analyse der Reibungsverlustleistung zu berücksichtigen (siehe Gl. 6.21). Der Unterschied zwischen Rotor- und Reibungsverlustleistung liegt darin, dass erstere den Rotorspulenwirkwiderstand R'_r darstellt, während die Reibungsverlustleistung von Widerstand R'_r und Schlupf s oder Drehzahl n abhängig ist. Der Schlupf n wird auch relative Drehzahldifferenz genannt. Deshalb werden bei der Berechnung der Verlustleistung sowohl die synchrone Drehzahl als auch die Läuferdrehzahl berücksichtigt.

Das an der Welle abgegebene Drehmoment M stellt das Verhältnis zwischen der mechanischen Leistung P_{mech} und der Winkelgeschwindigkeit Ω mit $\Omega = 2 * \pi * n$ dar. Das Drehmoment M ist als Quotient aus P_{mech} und $2 * \pi * n$ zu betrachten. Es gilt:

$$M = \frac{P_{mech}}{2 * \pi * n} = \frac{P_{mech}}{2 * \pi * nd(1-s)} \qquad (6.22)$$

Bei der Analyse des Wirkungsgrades des Asynchronmotors ist relevant, dass diese Kenngröße nicht die Reibungsverluste berücksichtigt. Die Gl. 6.7–6.8 zeigen, dass der Wirkungsgrad des Motors von Schlupf s und Rotorspulenwirkwiderstand R'_r abhängig ist. Diese Abhängigkeit des Motorwirkungsgrades vom Schlupf s ermöglicht die Vernachlässigung der Reibungsverluste im Asynchronmotor.

Gemäß Gl. 6.8 ist der Wirkungsgrad vom Schlupf abhängig. Umkehr ist gemäß Gl. 6.4 richtig. Bei realen Asynchronmaschinen liegt der Nennschlupf zwischen 0.01 und 0.1. Hierbei wird die untere Grenze bei hoher Nennleistung erreicht, während die obere Grenze niedrigerer Leistung entspricht.

Die praktische Anwendung der Informatik bezüglich der Schnittstellen im Leistungsfluss in den Asynchronmaschinen geben Listings 6.2.2a–e wieder. Diese Listings stellen die Bestimmung der Betriebskenngrößen des Asynchronmotors bezüglich der Ermittlung der Leistungen im Motorbetrieb dar.

Die Listings 6.2.2a–e zeigen, wie die Informatik das Betriebsverhalten des Asynchronmotors analysieren kann. Hierbei wird das Interface *Betriebsverhalten* als Schnittstelle verwendet, um den Motor zu charakterisieren (siehe Listing 6.2.2b). Gemäß Listing 6.2.2b wurden Wirkungsgrad, Schlupf, Drehzahl, Rotorverlust und mechanische Leistung betrachtet, um den Wirkleistungsfluss in einer Schleifringläufermaschine zu analysieren. Die Informatik spielt eine wichtige Rolle bei der Ermittlung von Einsparpotenzialen bei der Realisierung von Motoren – z. B. mithilfe der Schnittstelle *Betriebsverhalten*. Hierbei fokussiert die Ermittlung der Einsparpotenziale mithilfe des Interface auf Nutzung der *Delegate*-Klasse *AsynMotor*, welche die Funktionalität des Betriebsverhaltens des Asynchronmotors bezüglich des Drehmomentes und der Verlustleistung analysiert. Gemäß des Design Patterns für die Informatik stellt das Listing 6.2.2a eine *Delegate*-Klasse dar, während das Listing 6.2.2b eine *Delegator*-Klasse (*Interface*) darstellt. Das Listing 6.2.2a zeigt, dass zum einen die Drehzahl und die mechanische Leistung wichtig zum Berechnen des Drehmoments sind und zum anderen die Analyse der Verlustleistung sowie des Wirkungsgrades die Realisierung der Einsparpotenziale des Asynchronmotors darstellen.

Listing 6.2.2a gibt einen Überblick über die Implementierung der Methoden *drehmoment()* und *verlust()* durch die *Delegate*-Klasse *AsynMotor*, welche einen Verweis auf ein *Delegator*-Objekt steuert. Außerdem kann die *Delegate*-Klasse *AsynMotor* über das Interface die *Zurückrufen*-Methoden wie z. B. *drehmoment()*, *kippmoment()*, *drehzahl()*, *mechaleistung()*, *schlupf()*, *rotorverlust()*, *spaltleistung()*, *syndrehzahl()* und *wirkungsgrad()* erreichen.

Die Klassen *Momentkennlinie* (siehe Listing 6.2.2c) und *Leistungskennlinie* (siehe Listing 6.2.2d) stellen *Client*-Klassen dar. Die *Client*-Klassen nutzen die Delegate-Klasse wie z. B. *AsynMotor,* um Services zur Verfügung zu stellen (Krüger und Hansen 2014; Goll und Dausmann 2013; Metsker 2002). Die Methoden *drehmoment()* und *verlust()* stellen die Services der *Client*-Klassen *Momentkennlinie* und *Leistungskennlinie* bezüglich des Prinzipes der *Delegation* des Design Patterns dar. Das Prinzip der Delegation sagt aus, dass eine Klasse die Dienste von Objekten, aus denen sie nicht abgeleitet ist, verwendet (Krüger und Hansen 2014). Beim Analysieren der Codes der Listings 6.2.2c–d ist zu bemerken, dass die *Client*-Klassen *Momentkennlinie* und *Leistungskennlinie* Membervariablen wie z. B. *drehzahl,* rotorverlust, *schlupf* und *wirkungsgrad* steuern, welche bei der Konstruktion initialisiert werden. Das Delegieren der Funktionalitäten wie z. B. Ermittlung der Verluste oder Charakterisieren des Motors bezüglich der Berechnung der Betriebskenngrößen wird mithilfe des Aufrufes der entsprechenden Methoden wie z. B. *verluste()* bzw. *drehmoment()* ermöglicht.

Das Listing 6.2.2e gibt einen Überblick über die Ausgabe des Programms bezüglich der Verwendung der Codes durch die Klassen *Momentkennlinie* und *Leistungskennlinie,* welche Codes in der *Delegate*-Klasse AsynMotor liegen. Die

Ausgabe des Programms stellt die Nutzung des Interface *Betriebsverhalten* zum Implementieren von Methoden bezüglich der Ermittlung der Leistungen des Motors (siehe Listing 6.2.2d) dar.

```
package it4motor;
public class AsynMotor {
 private Betriebsverhalten betriebsverhalten;
 public static double spaltleistung;
 public static double kippmoment;
 public static double syndrehzahl;
 public static double rotorverlust;
 public static double drehzahl;
 public static double mechaleistung;
 public static double schlupf;
 public static double wirkungsgrad;
 public AsynMotor(Betriebsverhalten betriebsverhalten)
 {
   this.betriebsverhalten = betriebsverhalten;
 }
 public static void drehmoment()
 {
   System.out.println("Die Drehzahl des Laeufers ist : " +
                    drehzahl + " Umdrehungen pro Minute");
   System.out.println("Die mechanische Leistung ist : " + mechaleistung
                                              + " Watt ");
 }
 public static void verlust()
 {
   System.out.println("Der Wirkungsgrad des Motors: " + wirkungsgrad);
   System.out.println("Die Verlustleistung in der Laeuferwick-
                    lung ist: " + rotorverlust + " Watt ");
 }
}
```

Listing 6.2.2a Funktionalität der *Delegate*-Klasse *AsynMotor*

```
package it4motor;
public interface Betriebsverhalten
{
```

```java
public static double kippmoment(double mechaleistung, double
                                                   syndrehzahl) {
  return 3* mechaleistung /( 2*java.lang.Math.PI*syndrehzahl);
}
public static double drehzahl(double schlupf, double syn-
                                                   drehzahl) {
   return syndrehzahl - syndrehzahl*schlupf;
}
public static double mechaleistung() {
  return 80000;
}
public static double schlupf() {
  return 0.05;
}
public static double rotorverlust(double spaltleistung, dou-
                                                   ble schlupf) {
  return spaltleistung * schlupf;
}
public static double spaltleistung(double rotorverlust, dou-
                                                   ble schlupf) {
  return rotorverlust / schlupf;
}
public static double wirkungsgrad(double schlupf) {
  return 1 - schlupf;
}
  public static double syndrehzahl() {
  return 3000;
}
}
```

Listing 6.2.2b Interface *Betriebsverhalten* des Asynchronmotors

```java
package it4motor;
public class Momentkennlinie implements Betriebsverhalten
{
private AsynMotor asynmotor;
public static double spaltleistung;
public static double kippmoment;
public static double syndrehzahl;
public static double rotorverlust;
```

```java
public static double drehzahl;
public static double mechaleistung;
public static double schlupf;
public static double wirkungsgrad;
public Momentkennlinie()
{
 setAsynmotor(new AsynMotor(this));
}
public AsynMotor getAsynmotor()
{
 return asynmotor;
}
public void setAsynmotor(AsynMotor asynmotor)
{
 this.asynmotor = asynmotor;
}
public void drehmoment()
{
 mechaleistung = 8000;
 syndrehzahl = 3000;
 drehzahl = syndrehzahl - syndrehzahl*schlupf;
 kippmoment = 3* mechaleistung /( 2*java.lang.Math.PI*syndrehzahl);
 System.out.println("Die Drehzahl des Laeufers ist : " +
                 drehzahl + " Umdrehungen pro Minute");
 System.out.println("Die mechanische Leistung ist : " + mechaleistung
                                              + " Watt ");
 System.out.println("Das Kippmoment ist : " + kippmoment + "
                                         Newton.Meter");
}
public double kippmoment()
{
 return 3* mechaleistung /( 2*java.lang.Math.PI*syndrehzahl);
}
public double syndrehzahl()
 {
   return 3000;
 }
public double drehzahl()
```

```
{
 return syndrehzahl - syndrehzahl*schlupf;
}
public double mechaleistung()
{
 return 80000;
}
public double schlupf()
{
  return 0.05;
}
public double rotorverlust()
{
  return spaltleistung * schlupf;
}
 public double spaltleistung() {
  return mechaleistung / 1- schlupf;
 }
 public double wirkungsgrad() {
  return 1 - schlupf;
 }
}
```

Listing 6.2.2c Implementierung des Interface *Betriebsverhalten* durch die Klasse *Moment-kennlinie*

```
package it4motor;
public class Leistungskennlinie implements Betriebsverhalten
{
private AsynMotor asynmotor;
public double kippmoment;
public double drehzahl;
public static double mechaleistung;
public static double rotorverlust;
public static double spaltleistung;
public static double schlupf;
public static double wirkungsgrad;
public double syndrehzahl;
public Leistungskennlinie()
{
```

```java
 setAsynmotor(new AsynMotor(this));
}
public AsynMotor getAsynmotor()
{
 return asynmotor;
}
public void setAsynmotor(AsynMotor asynmotor)
{
 this.asynmotor = asynmotor;
}
public double kippmoment() {
  return 3* mechaleistung /( 2*java.lang.Math.PI*syndrehzahl);
}
public double drehzahl()
{
 return syndrehzahl - syndrehzahl*schlupf;
}
public double mechaleistung() {
 return 80000;
}
public double schlupf() {
 return 0.05;
}
public double rotorverlust()
{
 return mechaleistung * schlupf / 1 - schlupf;
}
public double spaltleistung() {
 return mechaleistung / 1- schlupf;
}
public double wirkungsgrad()
{
 return 1 - schlupf;
}
public double syndrehzahl()
{
 return 3000;
}
```

```
public void verlust()
{ mechaleistung = 8000;
  schlupf = 0.05;
  wirkungsgrad = 1- schlupf;
  rotorverlust = mechaleistung * schlupf / 1 - schlupf;
  spaltleistung = mechaleistung / 1- schlupf;
  System.out.println("Der Wirkungsgrad des Motors: " + wirkungsgrad);
  System.out.println("Die Verlustleistung in der Laeuferwick-
                   lung ist: " + rotorverlust + " Watt.");
  System.out.println("Die aufgenommene Leistung in der Laeuf-
                   erwicklung ist: " + spaltleistung + " Watt. ");
  }
}
```

Listing 6.2.2d Implementierung des Interface *Betriebsverhalten* durch die Klasse *Leistungskennlinie*

```
package it4motor;
public class Motorkennlinie extends AsynMotor {
 public Motorkennlinie(Betriebsverhalten betriebsverhalten) {
 super(betriebsverhalten);
 public static void main(String[] args)
 {
 Momentkennlinie momentkennlinie = new Momentkennlinie();
 momentkennlinie.drehmoment();
 Leistungskennlinie leistungskennlinie = new Leistungskennlinie();
 leistungskennlinie.verlust();
 }
}
```

Listing 6.2.2d Implementierung der *Delegate*-Klasse AsynMotor durch die Hauptklasse *Motorkennlinie*

Listing 6.2.2e Ausgabe des Programms
Die Drehzahl des Laeufers ist : 3000.0 Umdrehungen pro Minute.

Die mechanische Leistung ist : 8000.0 Watt.

Das Kippmoment ist : 1.2732395447351628 Newton Meter.

Der Wirkungsgrad des Motors: 0.95

Die Verlustleistung in der Laeuferwicklung ist: 399.95 Watt.

Die aufgenommene Leistung in der Laeuferwicklung ist: 7999.95 Watt.

6.2.2.1 Anwendung der Klasse *JFrame* und des Interface *ActionListener* in der Programmierung der grafischen Oberfläche für den Motor

Die folgenden Programme (siehe Listings 6.2.2.1.1a–b und Abb. 6.1) zeigen die Anwendungen von *JFrame* und *ActionListener* in der Realisierung der Einsparpotenziale für den Asynchronmotor. Die Klasse *JFrame* ist die wichtigste Hauptklasse in Swing. Die Nutzung von Swing ermöglicht die Erstellung eines Hauptfensters mit Rahmen und Schaltflächen.

Abb. 6.1 Implementierung der Klasse *JFrame* und des Interface *ActionListen* durch die Klassen Ersatzschaltbildelemente und *Drehfeldanordungsdrehmoment*

```
package Asynchronmaschine;
import java.awt.Dimension;
import java.awt.FlowLayout;
```

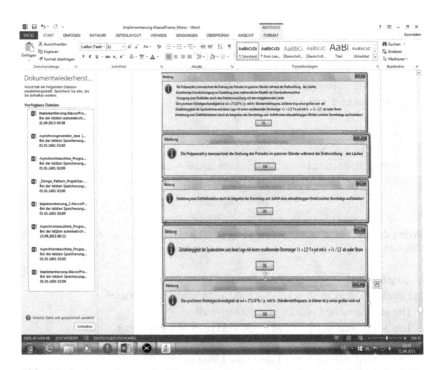

Abb. 6.1 Implementierung der Klasse JFrame und des Interface ActionListen durch die Klassen Ersatzschaltbildelemente und Drehfeldanordungsdrehmoment

```
import java.awt.Font;
import java.awt.event.ActionEvent;
import java.awt.event.ActionListener;
import javax.swing.BorderFactory;
import javax.swing.Box;
import javax.swing.ButtonGroup;
import javax.swing.JCheckBox;
import javax.swing.JFrame;
import javax.swing.JOptionPane;
import javax.swing.JPanel;
import javax.swing.JRadioButton;
@SuppressWarnings("serial")
   public class Drehfeldanordungsdrehmoment extends JFrame
                               implements ActionListener
   {
     private JRadioButton [] Option = new JRadioButton[6];
     private JCheckBox[] Wahl = new JCheckBox[3];
     private String [] Bereich =
        {
        "Drehfeldanordnungen", "Strombelagswelle und Drehfeldwelle",
           "Wechselwirkung zwischen Strombelags- und Drehfeldwelle"
        };
     private String[] Text =
        {
        "Läuferwellenschleifringe als Polrad p ", "Berechnung
           der Grundschwingung", "Ständerdrehstromwicklung",
        "Winkelgeschwindigkeit des Drehfeldes: ωd ", "zeitliche
              Ermittlung des Strombelags des Ständers ",
        "Drehfeld-Strombelagswinkel"
        };
     private String[] Analyse=
        {
        "Die Polpaarzahl p kennzeichnet die Drehung des Polrades
              im passiven Ständer während der Drehwicklung " +
        " des Läufers ",
        "sinusförmige Grundschwingung zur Darstellung eines
              mathematische Modells der Grundwellenmaschine ",
        " Erzeugung eines Drehfeldes durch eine Drehstromwick-
                    lung mit dem festgebremsten Läufer",
```

```
      "Die synchrone Winkelgeschwindigkeit ist ωd = 2*3.14*fs
         / p mit fs : Ständernetzfrequenz. Je kleiner ist " +
      "p umso größer wird ωd "
        , "Zeitabhängigkeit der Spulenströme und deren Lage" +
         " mit einem resultierenden Stromzeiger i´s = 1,5 *î
                e-jwt mit is = i´s / 1,5 als realer Strom",
         "Entstehung einer Drehfeldinduktion durch die Integra-
                         tion des Strombelags und " +
         " Auftritt eines zeitunabhängigen Winkels zwischen
                         Strombelage und Induktion !"
      };
   public Drehfeldanordungsdrehmoment()
   {
   super("Drehmoment einer Drehfeldanordnung)");
      JPanel Platte = new JPanel();
      Platte.setLayout (new FlowLayout());
      ButtonGroup Gruppe = new ButtonGroup();
      Box Oben = Box.createHorizontalBox();
      Box Links = Box.createVerticalBox();
      Box Rechts = Box.createVerticalBox();
      Oben.setPreferredSize(new Dimension (300, 20));
      Links.setPreferredSize(new Dimension (200, 200));
      Rechts.setPreferredSize(new Dimension (140, 200));
      Links.setBorder(BorderFactory.createBevelBorder(0));
      Rechts.setBorder(BorderFactory.createBevelBorder(1));
      for (int i =0; i<6; i++)
      {
       Option[i] = new JRadioButton (Text[i]);
       Option[i].setFont(new Font("Arial", Font.PLAIN, 18));
       Option[i].addActionListener(this);
       Gruppe.add(Option[i]);
       Links.add(Option[i]);
      }
      Option[0].setSelected(true);
      for(int i = 0; i<3; i++)
      {
       Wahl[i] = new JCheckBox (Bereich[i]);
       Wahl[i].addActionListener(this);
       Wahl[i].setFont(new Font("Arial", Font.ITALIC, 20));
```

```
    Rechts.add(Wahl[i]);
  }
  Platte.add(Oben);
  Platte.add(Links);
  Platte.add(Rechts);
  setContentPane(Platte);
}
public static void main(String[] args)
{
  Drehfeldanordungsdrehmoment Rahmen = new Drehfeldanor-
                              dungsdrehmoment();
  Rahmen.setSize(600,400);
  Rahmen.setDefaultCloseOperation(JFrame.EXIT_ON_CLOSE);
  Rahmen.setVisible(true);
}
@Override
public void actionPerformed(ActionEvent Ereignis)
{
  Object Quelle = Ereignis.getSource();
  String Titel = "Drehmoment einer Drehfeldanordnung";
  for(int i = 0; i<3; i++)
    if (Wahl[i].isSelected())
      Titel = Titel + "(" + Bereich[i] + ")";
  setTitle(Titel);
  for (int i = 0; i<6 ; i++)
    if (Quelle == Option[i])
      JOptionPane.showMessageDialog(null, Analyse);
}
public String[] getAnalyse() {
  return Analyse;
}
public void setAnalyse(String[] analyse) {
  Analyse = analyse;
}
public JRadioButton [] getOption() {
  return Option;
}
public void setOption(JRadioButton [] option) {
  Option = option;
```

```
    }
   public JCheckBox[] getWahl() {
    return Wahl;
   }
   public void setWahl(JCheckBox[] wahl) {
    Wahl = wahl;
   }
   public String [] getBereich() {
    return Bereich;
   }
   public void setBereich(String [] bereich) {
    Bereich = bereich;
   }
   public String[] getText() {
    return Text;
   }
   public void setText(String[] text) {
    Text = text;
   }
```

Listing 6.2.2.1.1a Implementierung der Klasse *JFrame* und des Interface *ActionListener* durch die Klasse *Drehfeldanordungsdrehmoment*

```
import java.awt.Font;
import java.awt.GridLayout;
import java.awt.event.ActionEvent;
import java.awt.event.ActionListener;
import javax.swing.ButtonGroup;
import javax.swing.JFrame;
import javax.swing.JOptionPane;
import javax.swing.JPanel;
import javax.swing.JRadioButton;
public class Ersatzschaltbildelemente extends JFrame implements
                                             ActionListener
{
  private JRadioButton [] Option = new JRadioButton[6];
  private String[] Text =
   {
```

```
  "Läuferwellenschleifringe als Polrad p ", "Berechnung der
       Grundschwingung", "Ständerdrehstromwicklung",
"Winkelgeschwindigkeit des Drehfeldes: ", "zeitliche Ermittlung
                     des Strombelags des Ständers ",
  "Drehfeld-Strombelagswinkel"
  };
private String[] Analyse=
  {
   "Die Polpaarzahl p kennzeichnet die Drehung des Polrades
        im passiven Ständer während der Drehwicklung " +
   " des Läufers ",
   "sinusförmige Grundschwingung zur Darstellung eines mathe-
         matische Modells der Grundwellenmaschine ",
   " Erzeugung eines Drehfeldes durch eine Drehstromwicklung
                mit dem festgebremsten Läufer",
   "Die synchrone Winkelgeschwindigkeit ist: 2*3.14fs / p mit
           fs: Ständernetzfrequenz. Je kleiner p ist " +
   " umso größer wird. "
   , "Zeitabhängigkeit der Spulenströme und deren Lage" +
      " mit einem resultierenden Stromzeiger i´s = 1,5 *î e-jwt
                mit is = i´s / 1,5 als realer Strom",
   "Entstehung einer Drehfeldinduktion durch die Integration
                des Strombelags und " +
   " Auftritt eines zeitunabhängigen Winkels zwischen Strom-
                    belage und Induktion !"
   };
public Ersatzschaltbildelemente()
  {
   super("Technische Realisierung der Drehfelderzeugung der
          Drehfeldmaschine oder der Asynchronmaschine)");
   JPanel Platte = new JPanel();
   Platte.setLayout (new GridLayout(6,1));
   ButtonGroup Gruppe = new ButtonGroup();
   for(int i = 0; i<6; i++)
   {
    Option[i] = new JRadioButton (Text[i]);
    Option[i].setFont(new Font("Arial", 3, 28));
```

```java
Option[i].addActionListener(this);
Gruppe.add(Option[i]);
Platte.add(Option[i]);
}
Option[0].setSelected(true);
setContentPane(Platte);
}
public String[] getAnalyse() {
return Analyse;
}
public void setAnalyse(String[] analyse) {
Analyse = analyse;
}
@Override
public void actionPerformed(ActionEvent Ereignis)
{
  Object Quelle = Ereignis.getSource();
  for(int i = 0; i <6; i++)
   if(Quelle == Option[i])
   JOptionPane.showMessageDialog(null, Analyse[i]);
}
public void elemente()
{
  Ersatzschaltbildelemente Rahmen = new Ersatzschaltbildelemente();
  Rahmen.setSize(600,400);
  Rahmen.setDefaultCloseOperation(JFrame.EXIT_ON_CLOSE);
  Rahmen.setVisible(true);
}
```

Listing 6.2.2.1.1b Implementierung der Klasse *JFrame* und des Interface *ActionListener* durch die Klasse Ersatzschaltbildelemente

6.2.2.2 Nutzung von Swing-Komponenten zur Charakterisierung des Asynchronmotors

Die folgenden Programme (siehe Listings 6.2.2.1.2a–d) geben einen Überblick über die Anwendungen von Swing in der Analyse des Betriebsverhaltens des Motors. Hierbei werden Komponenten des Asynchronmotors bezüglich des Drehmomentes, des Wirkungsgrades, der Drehzahl und der Leistungen (siehe Abb. 6.2 und 6.3) abgebildet.

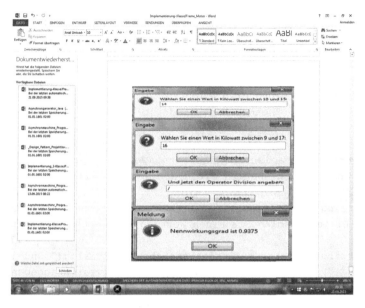

Abb. 6.2 Implementierung der Klasse WirkungsgradAnalyse

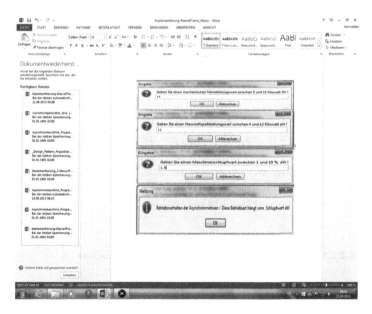

Abb. 6.3 Implementierung der Klasse MaschinenBetriebsarten

```java
package Asynchronmaschine;
import javax.swing.*;
public class Wirkungsgradanalyse
 public static void main(String [] args)
 {
   double Nennwirkungsgrad = 0;
   String Text = "Nennwirkungsgrad ist ";
   try
    {
      String MechanischeNennleistungswert = JOptionPane.show-
        InputDialog("Wählen Sie einen Wert in Kilowatt zwischen
                                                   10 und 15:");
      String NennLuftspaltleistungswert = JOptionPane.showInput-
        Dialog("Wählen Sie einen Wert in Kilowatt zwischen 9 und
                                                           17:");
      String Operator = JOptionPane.showInputDialog(" Und jetzt
                              den Operator Division angeben:");
      double MechanischeNennleistungsbetrag = Double.parseDouble
                             (MechanischeNennleistungswert);
      double NennLuftspaltleistungsbetrag = Double.parseDouble
                             (NennLuftspaltleistungswert);
      if (Operator.equals("/ "));
      if(NennLuftspaltleistungsbetrag !=0 ) Nennwirkungsgrad =
      MechanischeNennleistungsbetrag / NennLuftspaltleistungsbetrag;
      else Text = " Division durch null ";
    }
   catch(Exception x)
   {
    Text = " Die Wirkungsgradanalyse ist nicht in Ordnung !";
   }
   if (Text.equals("Nennwirkungsgrad ist "))
    Text = Text + Nennwirkungsgrad ;
   JOptionPane.showMessageDialog(null, Text);
  }
}
```

Listing 6.2.2.1.2a Implementierung der Klasse *Wirkungsgradanalyse*

```java
package Asynchronmaschine;
import javax.swing.*;
public class MaschinenDrehzahl
{

 private static String läuferDrehzahlnorm = null;
 private static String polpaarbereichsanalyse = null;
 public static void main(String []args)
 {

 String drehzahlanalyse = "";
 float schlupf = 0;
 float wirkungsgrad = 0;
 drehzahlanalyse = JOptionPane.showInputDialog(" Geben Sie
             eine synchrone Drehzahl im Drehzahlbereich " +
   "zwischen 750 und 3000 Umdrehungen pro Minute ein. ");
 float synchronDrehzahl = Float.parseFloat(drehzahlanlyse);
 läuferDrehzahlnorm = JOptionPane.showInputDialog("Geben Sie
                  2800 Umdrehungen pro Minute als " +
   " normierte Läuferdrehzahl " + "für den Asynchronmotor ein. ");
 float läuferDrehzahl= Float.parseFloat(läuferDrehzahlnorm);
 polpaarbereichsanalyse = JOptionPane.showInputDialog(" Wählen Sie
             steigende Polpaarzahl im normierten Bereich" +
   " zwischen 1 und 6. ");
 int polpaarzahl = Integer.parseInt(polpaarbereichsanalyse);
 for (int p = 0; p < polpaarzahl; p++)
 {

   schlupf = 1- (läuferDrehzahl / synchronDrehzahl);
   wirkungsgrad = 1- schlupf;
 }
 if ((polpaarzahl >= 1) && (polpaarzahl <= 6))
   JOptionPane.showMessageDialog(null, " Der Schlupf des
                  Asynchronmotors ist " + schlupf +
     " und liegt im normalen Motorbetrieb. " +
     " Je höher die Polpaarzahl ist, desto enger wird der
                          Drehzahlbereich. " +
     " Es handelt sich hier um eine fallende Gerade. " +
     " Weil der Schlupfwert " + schlupf + " und der Polpaarzahl
                          =" + polpaarzahl
     + " beeinflüssen den Wirkungsgrad des Motors " + wirkungsgrad
                          + "." );
```

```
  else
    JOptionPane.showMessageDialog(null, " Die Maschine gibt
                                mechanische Leistung ab"
       + " Je kleiner die Polpaarzahl und der Schlupf " +
       "sind, desto höher ist der Wirkungsgrad des Motors " +
                                 wirkungsgrad + ".");
  }
}
```

Listing 6.2.2.1.2b Implementierung der Kasse MaschinenDrehzahl

```
package Betriebsverhalten.Asynchronmaschine;
import javax.swing.*;
public class MaschinenBetriebsarten
{
 public double mechanischeNennleistung, nennLuftspaltleis-
                                tung, maschinenSchlupf;
MaschinenBetriebsarten(double mechanischeNennleistung, double
            nennLuftspaltleistung, double maschinenSchlupf)
 {
  this.mechanischeNennleistung= mechanischeNennleistung;
  this.nennLuftspaltleistung = nennLuftspaltleistung;
  this.maschinenSchlupf = maschinenSchlupf;
 }
 @SuppressWarnings("unused")
 void setMechanischeNennleistung(String Text)
 {
  double mechanischeNennleistung = Double.parseDouble(Text);
 }
 void setNennLuftspaltleistung(String Text)
 {
  @SuppressWarnings("unused")
  double nennLuftspaltleistung = Double.parseDouble(Text);
 }
 @SuppressWarnings("unused")
 void setMaschinenSchlupf(String Text)
 {
  double maschinenSchlupf = Double.parseDouble(Text);
 }
 String getMechanischeNennleistung()
 {
```

```
 double nennLuftspaltleistung = 0;
 double maschinenSchlupf = 0;
 double mechanischeNennleistung;
 mechanischeNennleistung = (1- maschinenSchlupf) * nenn-
                                     Luftspaltleistung;
  return (Double.toString(mechanischeNennleistung) + " Kilowatt");
 }
 String getNennLuftspaltleistung()
 {
  double nennLuftspaltleistung;
  double maschinenSchlupf = 0;
  double mechanischeNennleistung = 0;
  nennLuftspaltleistung = (1- maschinenSchlupf) / mechani-
                                     scheNennleistung;
  return (Double.toString(nennLuftspaltleistung) + " Kilowatt");
 }
String getMaschinenSchlupf()
{
  double nennLuftspaltleistung = 0;
  double maschinenSchlupf;
  double mechanischeNennleistung = 0;
  maschinenSchlupf = (1- (mechanischeNennleistung / nenn-
                                 Luftspaltleistung)) * 100;
  return (Double.toString(maschinenSchlupf) + " %");
 }
 public static void main(String[] args)
 {
  String auswertung = "";
  int drehzahl = 0;
  double mechanischeNennleistung = 0;
  double nennLuftspaltleistung = 0;
  double maschinenSchlupf = 0;
 MaschinenBetriebsarten BetriebsartenAnalyse = new Maschi-
    nenBetriebsarten( mechanischeNennleistung, nennLufts-
                       paltleistung, maschinenSchlupf);
 auswertung = JOptionPane.showInputDialog(" Geben Sie einen
   mechanischen Nennleistungswert zwischen 5 und 15 Kilowatt
                                        ein!" );
```

```java
if (auswertung.equals("0")) drehzahl+=750;
else BetriebsartenAnalyse.setMechanischeNennleistung(aus-
                                                wertung);
auswertung = JOptionPane.showInputDialog("Geben Sie einen Nenn-
    luftspaltleistungswert zwischen 4 und 12 Kilowatt ein!" );
if (auswertung.equals("0")) drehzahl+=1500;
else BetriebsartenAnalyse.setNennLuftspaltleistung(auswertung);
Auswertung = JOptionPane.showInputDialog(" Geben Sie einen
            Maschinenschlupfwert zwischen 1 und 10 % ein!" );
if (auswertung.equals("0")) drehzahl+=3000;
else BetriebsartenAnalyse.setMaschinenSchlupf(auswertung);
switch(drehzahl)
{
case 750:
 auswertung = BetriebsartenAnalyse.getMechanischeNennleistung();
 break;
case 1500:
 auswertung = BetriebsartenAnalyse.getNennLuftspaltleistung();
 break;
case 3000:
 auswertung = BetriebsartenAnalyse.getMaschinenSchlupf();
 break;
default:
  auswertung = "Diese Betriebsart hängt vom Wert des
                            Schlupfs ab!";
}
JOptionPane.showMessageDialog(null, " Betriebsverhalten der
                Asynchronmotoren: " + auswertung );
}
}
```

Listing 6.2.2.1.2c Implementierung der Klasse *MaschinenBetriebsarten*

```java
package Asynchronmaschine;
import javax.swing.*;
import javax.swing.JOptionPane;
public class WirkungsgradDrehzahlKennlinien
```

```
{
final static float synchronDrehzahl =0;
final static float ständerdrehzahl = 3000;
final static float läuferDrehzahl = 2800;
private static final int angegebenePolpaarzahl = 0;
private static final float gesuchterWirkungsgrad = 0;
static float synchronDrehzahlwert(float synchronDrehzahl)
{
  return (int)(ständerdrehzahl/angegebenePolpaarzahl);
}
static float asynchronwirkungsgradwert(float gesuchterWir-
                                                kungsgrad)
{
  return (int)( läuferDrehzahl / synchronDrehzahl);
}
static void anzeigen(String Text, float synchronDrehzahlwert)
{
  JOptionPane.showMessageDialog(null, Text + " ist " + syn-
                                            chronDrehzahlwert);
}
static void anzeigen1(String Text, float gesuchterWirkungsgrad)
{
  JOptionPane.showMessageDialog(null, Text + " ist " + ge-
                                            suchterWirkungsgrad );
}
public static void main(String[] args)
{
  @SuppressWarnings("unused")
  String polpaarzahlAuswerten= JOptionPane.showInputDialog
    (" Geben Sie eine Polpaarzahl " +"zwischen 1 und 10 ein: ");
  anzeigen("Berechnung der synchronen Drehzahl", synchronDreh-
                                  zahlwert(synchronDrehzahl));
  anzeigen1("Berechnung des Asynchronwirkungsgrades", asyn-
            chronwirkungsgradwert(gesuchterWirkungsgrad));
}
}
```

Listing 6.2.2.2d Implementierung der Klasse *WirkungsgradDrehzahlKennlinien*

6.3   Zusammenfassung

Die Anwendung der Informatik bezüglich der Nutzung von Design Pattern in der Charakterisierung des Asynchronmotors ermöglicht die Berechnung der Betriebskenngrößen wie z. B. Drehzahl, Schlupf, Wirkungsgrad und Drehmoment. Dies ist wichtig zur Ermittlung der Belastungskennlinien des Motors.

Die Daten des Asynchronmotors werden durch den Einsatz der objektorientierten Programmierung analysiert. Die Anwendung der Design Patterns in der Bestimmung der Betriebskenngrößen des Asynchronmotors wie z. B. Drehzahl und Schlupf ermöglicht die Ermittlung der Belastungszustände des Asynchronmotors. Der Schlupf und die Drehzahl sind wichtige Betriebskenngrößen, um den energieeffizienten Asynchronmotor zu charakterisieren. Die Einsparpotenziale bei den Asynchronmotoren sollen die Anwendung der Informatik in der Analyse der Betriebskenngrößen wie Schlupf, Drehzahl und Wirkungsgrad berücksichtigen. Beim Analysieren des Wirkungsgrades sollen die Reibungsverluste vernachlässigt werden. Der Wirkungsgrad hängt sowohl von dem Schlupf (oder der Drehzahl) als auch von der Rotorverlustleistung ab. Die Verlustleistung auf der Rotorseite hängt von der Spaltleistung ab. Die Spaltleistung ist die aufgenommene Wirkleistung, welche ohne Abzug auf den Rotor übergeht. Im Rotor teilt sich die Luftspaltleistung in die Rotorverlustleistung sowie in Reibungsverluste und in die mechanische Leistung. Die Analyse der mechanischen Leistung soll sowohl den Schlupf als auch die Rotorverlustleistung zur Charakterisierung des energieeffizienten Asynchronmotors berücksichtigen.

Literatur

Felderhoff, R.: (von Udo Busch); *Leistungselektronik,* Handbuch, Bd. 1–2, 5. Aufl., Springer Fachmedien, München (2014)

Goll, J., Dausmann, M.: Architektur- und Entwurfsmuster der Softwaretechnik. Springer Vieweg/Springer Fachmedien Wiesbaden, Wiesbaden (2013). doi:10.1007/978-3-8348-2432-5

Hagmann, G.: Leistungselektronik. Grundlagen und Anwendungen in der elektrischen Antriebstechnik, Lehrbuch, 4. Korr. Aufl. Aula-Verlag, Deutschland (2009)

Kremser, A.: Elektrische Maschinen und Antriebe: Grundlagen, Motoren und Anwendungen, 4. Aufl., Springer Vieweg, Wiesbaden (2014)

Krüger, G., Hansen, H.: Java Programmierung, das Handbuch zu Java 8, S. 1–1079. O'Reilly Verlag, Köln (2014)

Krypczyk, V., Bochkor, O.: Objektorientierung: Klassen, Eigenschaften, Methoden, Ereignisse, Vererbung; Artikelserie (Teil 3, S. 70–74); Ausgabe 5/2015. Entwickler Magazin, Frankfurt a. M. (2015)

Marenbach, R., Nelles, D., Tuttas, C.: Elektrische Energietechnik. Grundlagen, Energie-versorgung, Antriebe und Leistungselektronik, Lehrbuch. Springer Vieweg, Wiesbaden (2010)

Metsker, S.J.: Design Patterns Java™ Workbook. Addison-Wesley/Pearson Education Inc, Boston (2002). ISBN-0-201-74397-3

Peier, D.: Einführung in die elektrische Energietechnik II, Asynchronmotoren; 02466-2-01-SP, 21302-2-01-SP7. Fakultät für Mathematik und Informatik; FernUniversität in Hagen (2011)

Spring, E.: Elektrische Maschinen: Eine Einführung. Springer Vieweg/Springer Fachmedien Wiesbaden, Wiesbaden (2009). https://doi.org/10.1007/978-3-642-00885-6

Stichwortverzeichnis

© Springer Fachmedien Wiesbaden GmbH 2018   143
E.A. Nyamsi, *Realisierung der Einsparpotentiale bei elektrischen*
Energieverbrauchern, https://doi.org/10.1007/978-3-658-14715-0

Printed in the United States
By Bookmasters